室内设计方法与智能家居应用

耿 蕾 / 著

北京燕山出版社

图书在版编目（ＣＩＰ）数据

室内设计方法与智能家居应用 / 耿蕾著 . —北京：
北京燕山出版社 , 2021.12

ISBN 978-7-5402-6303-4

Ⅰ . ①室… Ⅱ . ①耿… Ⅲ . ①室内装饰设计②住宅—
智能化建筑 Ⅳ . ① TU238.2 ② TU241

中国版本图书馆 CIP 数据核字 (2021) 第 252521 号

室内设计方法与智能家居应用

著者：耿蕾

责任编辑：战文婧

封面设计：马静静

出版发行：北京燕山出版社有限公司

社址：北京市丰台区东铁匠营街道苇子坑 138 号嘉城商务中心 C 座

邮编：100079

电话传真：86-10-65240430（总编室）

印刷：三河市德贤弘印务有限公司

成品尺寸：170mm × 240mm

字数：208 千字

印张：11.75

版别：2022 年 6 月第 1 版

印次：2022 年 6 月第 1 次印刷

ISBN：978-7-5402-6303-4

定价：70.00 元

前言

PREFACE

　　世界在变化，生活在变化，设计自然也在变化。人类从古到今，一直通过室内设计来实现自身与所处空间环境的协调。时至今日，室内设计思想得到了很大的解放，人们开始追求各种各样的设计方式，对室内空间的要求不再简简单单只满足于其实用价值，而是提高了对居住环境的要求，开始对家具、设施、艺术品、灯具、绿化、采暖、通风等加以装饰。不断美化的物质环境让我们体会到生活方式的日新月异及设计风格的日益多样化。

　　进入21世纪后，随着高度信息化时代的到来，图形技术、仿真技术、多媒体技术、网络技术等方面得到了迅速发展，室内设计更呈现出多元性和复合性的特点。尤其是智能家居的出现，极大程度上解放了人们的双手，使生活更加便捷、高效、可控，又不失有趣。从智能单品，如智能冰箱、智能空调、智能音响，到智能系统，如智能监控系统、智能语音系统等等，诸多智能化产品以极快的速度席卷了生活的每个角落。这样的发展速度是可观的，也是必然的。

　　笔者在对室内设计的历史和现状进行思考与探索的基础上，撰写了《室内设计方法与智能家居应用》一书，对室内设计的理论、应用及智能化发展问题予以研究，并进行分析论述，总结经验，提出观点看法。

　　本书共分为七章，第一章介绍了室内设计的概念、功能、要求等一系列理论知识；第二章详细介绍了室内设计的主要内容，包括空间设计、界面设计、陈设设计、物理环境设计等；第三章针对室内设计不同的风格流派、设计方法和步骤展开分析；第四章重点介绍了室内设计中用到的表现工具和技法；第五章分别对不同类型的室内空间的设计方法做了详细的描述；第六章从智能家居的概念、功能、内容和发展进行了阐述；第七章深入研究智能家居在室内设计中的具体应用。

　　本书从整体结构上来看，全书从理论到实践，全面铺开论述，内容系统且有层次，涵盖了相当多的室内设计问题，并在写作的过程中更加突出了以下的特点：一是内容上具有全面性，涵盖室内设计的多方面知识；二是在实践上的适应性，能够将文字与图片更好地结合，使读者在阅读的过程中产生立体感，对室内设计学习起到了指导性的作用，适合于各个阶段的人群；三是写作上的规范性，内容清晰，理论规范，章节合理，逻辑严谨；四是提出了未来发展的可持续性，大胆创新，认真实践，科学地阐述了今后的发展道路，给读者以启示。

本书在撰写过程中参阅了部分学者的相关资料，在此向其表示最诚挚的谢意！由于作者的水平有限，书中难免有疏漏或不妥之处，恳请各位专家、同行及广大读者给予批评和指正。

作　者

2021 年 7 月

目录

CONTENTS

第一章

室内设计的理论初探

　　室内设计是人们根据建筑空间的使用性质,运用物质技术手段,创造出功能合理、舒适优美的室内环境,以满足人的物质与精神需求,而进行的空间创造活动。室内设计所创造的空间环境既有使用价值,又满足相应的功能要求,同时也反映历史文脉、建筑风格、环境气氛等精神因素。"创造出满足人们物质和精神生活需求的室内环境"是室内设计的目的。

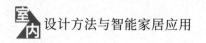

第一节　室内设计的概念与特点

一、室内设计的特点

室内设计的一个显著特点就是它对由于时间的推移而引起的室内功能的改变显得特别突出和敏感。当今社会生活节奏日益加快,室内的功能也趋于复杂和多变,装饰材料、室内设备的更新换代不断加快,室内设计的"无形折旧"更趋明显,人们对室内环境的审美也随着时间的推移而不断改变。这就要求室内设计师必须时刻站在时代的前沿,创造出具有时代特色和文化内涵的室内空间。

二、空间的基本概念

直到 19 世纪,空间才作为一个独立的概念被人们理解和研究。德国著名哲学家康德认为空间并非物质世界的属性,而是人类感知世界的方式。在《纯粹理性批判》一书中,他写道,空间以知觉的形式先存在于思想中,必须从人的立足点才能谈论空间。这一观点成为后来空间移情论的理论基础。空间移情论把人的个体意识的外化看作是空间化的过程,并认为空间之所以存在是因为人的身体对其的感知和体验。

(一)空间的形成

只要稍稍留意一下身边,就会发现在日常生活当中随时发生着简单而有趣的空间现象。在艳阳高照或阴雨天时人们会撑起小伞,在草地里休息或用餐时人们会在地上铺起一块塑料布。这些都会很容易地在身边划定出一个不同于周围的小区域,从而暗示出一个临时空间的存在。雨伞和塑料布提供了一个亲切的属于自己的范围和领域,让人感到舒适和安全。

(二)空间与空间感

显然,对于空间进行探讨的价值和意义不仅在于空间本身的客观状态,更涉及人们身处其中复杂的感受和行为反馈。因此,在谈论"空间"的时候往往离不开对"空间感"的谈论。大家可能也意识到了,在本书前面部分论述"空间的形成"的过程中,实际上也是在讲述"空间感"的形成。

(三)空间的内部与外部

空间的"内"与"外"是相对的。当空间被清晰且严格地加以限定时,被限定范围内的部分称之为空间内,反之则称之为空间外。就一个封闭的房间而言,可以很容易地区分出它的内部和外部,墙体以及门窗清晰地划分出了空间的边界和范围。然而当空间的边界和范围模糊不清时,则很难辨认出空间内和外的差别。仔细分析可以发现,内和外是由于空间开放程度的差异造成的。相对封闭的空间区域暗示着空间的"内",反之则显示出"外"的特征。对于建筑体而言,内部空间与外部空间一般是以建筑围护体的边界来加以区分的。一般而言,由于墙体和门窗可以将建筑的内部和外部比较明确地加以分隔,于是便形成了一般意义上的"室内"和"室外"的概念。

在欧洲中世纪保留下来的传统城镇中,由于街道两侧和广场周边的建筑形成了很亲近的尺度感和围合性,加之这些街道和广场的地面大都使用与建筑室内并无很大差异的石材进行地面铺装,这使得人们徜徉在城市的街道上时犹如在室内空间中行走一般。而居住在那里的人们也确实把大部分的日常活动都转移到了城市的街道和广场中进行,这就是为什么人们习惯于把欧洲传统的城市广场称作"城市起居室"的原因。

在现当代,也有很多优秀的空间案例创造性地打破了一般人们观念中"室内"和"室外"的概念,形成了一些富于启发性的空间样态,拓展了人们对于空间的特殊体验。著名现代主义建筑大师勒·柯布西耶曾为外科医生克鲁榭设计过一个包含诊所在内的小型住宅综合体。在这一案例中最有趣之处在于,人们从建筑临街的入口进入的并不是严格意义上的室内门庭,而是一个与内部露天庭院相连通的有着屋顶的室外空间。门庭比之于街道而言无疑是属于内部的空间,但它同时又是一个开放的室外空间,这一空间内外的双重角色转换给人们带来了有趣的过程体验。英国著名建筑师詹姆斯·斯特林设计的斯图加特美术馆在内部空间与外部空间的相互转换方面也进行了成功的尝试。该作品试图通过一个连通城市与建筑的室外庭院来建立起城市公共空间与建筑内部空间之间的紧密联系。一条连接城市街道和美术馆内部庭院的步行坡道,将城市的人流自然地引入到了一个属于美术馆内部的圆形露天庭院之中。然后城市的人流并不能走到庭院的地面层,而是在环形通道的引导下从二层的高度上贯穿庭院而过。设计师通过这一空间安排实现了城市人群与美术馆内部人群对圆形庭院空间在视觉上的共享,同时二者的活动又不相互干扰。在这里,圆形的户外庭院同样充当了内部与外部空间的双重角色。

在与外部的自然环境保持紧密联系方面,罗马的万神庙无疑是这方面最具历史性的经典案例。建筑师通过在巨大穹顶上的一个圆形空洞把极为封闭的内部空间变成了一个完全的室外空间,从而将内部空间与外部世界紧密地联系了起来。在晴朗的季节里,阳光每天移动的轨迹会通过屋顶的圆形开孔投射到建筑内部的穹顶和墙壁上;在雨季时,雨水也会从屋顶的圆形开孔处飘落进来,使人们尽管身处内部空间却可以强烈地感受到宇宙的力量和外部世界的存在。

(四)空间的演变

简单地回顾一下历史就会发现,建筑与室内设计的发展过程从来都离不开空间的载体。在各个风格时期中,均不缺乏层次丰富且尺度震撼的室内空间设计案例,但很多都由于没有把空间有意识地作为设计思考的重心,从而因为大量的表面装饰而削弱了空间自身的艺术表现力。当然,西方传统建筑与室内设计历史中出现过的众多风格流派也存在着明显的地域差异,其中不乏一些在空间与表面装饰之间保持恰当平衡的优秀作品。

第二节　室内设计功能与形式

室内设计是为了满足人们使用空间环境要求的设计。室内环境的功能发挥如何,是对该室内设计评价的基本准则。在现代设计发展的历程中,功能始终作为一条主线索贯穿其中,设计终将不能舍弃"满足人们功能需求"的第一准则。室内设计在考虑使用功能要求的同时,还必须考虑形式美的要求。使用功能与形式美的要求是室内设计中相辅相成的两个部分,缺一不可。只有协调好功能与形式的关系,才可能创造一个舒适美观的室内环境。

现代社会中,人们的工作与生活节奏越来越快,一个优美的室内环境对满足人们的精神需求显得尤为重要。充足的光线、清新的空气、安静的生活氛围、和谐的室内色彩都会给人们带来愉悦的精神享受。

不仅如此,室内设计的形式因素有时还直接影响到人们的意志和行为。在一些公共建筑中,如政府机构、纪念馆等,庄严、气派的室内设计对人们增强民族自信心、自豪感起到了不可忽视的作用。富丽堂皇的装饰,雄伟、博大的室内氛围都直接冲击着人们的情感。

一、室内空间的功能规划

室内空间的功能规划是指在空间平面上进行功能分析和区域布置,根据使用需求对空间进行合理规划,使空间满足不同功能的要求。对空间进行功能规划时,首先要明确建筑的类型,如该建筑是住宅空间还是酒店空间等,然后根据空间的使用性质进行功能规划,如住宅空间包括玄关、客厅、餐厅、厨房、卧室、书房、卫生间等,酒店空间包括入口、门厅、大堂(接待服务区、休息待客区、大堂吧等)、走廊、电梯间、楼梯间、客房、餐厅、休闲场所(健身场所、酒吧等)等。

对室内空间的功能规划应尽量做到平面布局合理,交通流线便捷,空间层次清晰明确,使整体空间的规划更具科学性、合理性和便捷性。如今,室内设计不仅仅是简单地对空间进行功能区域划分,来满足空间的物质功能,而且要不断地发展和变换新的空间功能,以满足人们对空间的精神功能需求。这就要求对建筑空间进行改造或重新组织,以特殊的设计手段界定出更加丰富的空间区域。

对于室内空间的界定,首先,要充分了解原有建筑的设计意图及委托方对室内空间的基本要求;其次,深入了解建筑空间的总体布局、功能分析、人流动向及结构体系等;最后,对室内空间的主要功能区域、辅助功能空间及交通流线的面积界定、位置安排、相关空间等进行合理的规划,对各种功能在平面布局上予以安排、完善、调整和再创造。

二、室内设计的形式法则

美的形式是指美的内容显现为具体形象的内部结构与外部形态,也就是美的内容的存在方式,是造型对象按一定的法则组合而体现出来的审美特征。美的形式自古以来就一直为艺术家和设计家所探讨,人类在进行探索过程中发现,在自然界和艺术中存在着相对规律性的一些原理成为人们共识的形式法则,这就是形式美法则。形式美法则是人们在审美活动中对现实中许多美的形式的概括反映。这些形式美法则可以归纳为以下几个方面。

(一)变化与统一

变化与统一也称多样与统一,是形式美的总法则,也是形式美法则的高级形式。多样统一是指形式组合的各部分之间要有一个共同的结构形式与节奏韵律。著名美学家费希诺指出:"一个对象给人以快感,它就必须具有统一的多样性。"对立统一是对自然美和艺术美的不同形态加以概括和提炼的产物,是客观规律性的反映和人类主观目的的要求。

建筑内部空间本身就具有多样化的布局,设计师的重要职责是把那些不可避免的多元化空间的形状与样式组成协调统一的整体。

(二)对称与均衡

对称是人类最早掌握的形式美法则。

均衡又可称为平衡。均衡有两种基本形式:一种是静态的均衡,另一种是动态的均衡。静态的均衡即常说的对称,它体现出一种严格的对应制约关系,能给人以秩序、安静、稳定、庄重等心理感受。动态均衡是指不等量形态的非对称形式,是不以中轴来配置的另一种形式格局。较之于对称在心理上的严谨与理性,动态的均衡在心理上则偏于灵活与感性,具有动感。

(三)节奏与韵律

节奏是指静态形式在视觉上所引起的律动效果,是有秩序的连续,有规律的反复。最单纯的节奏变化是以相同或相似的形、色为单元作规律性的重复组织或排列组合。空间视觉造型中重复形式运用十分广泛，通常有平面与立体两种形式：平面的形、色有固定性，也不因视线的流动产生太大的变化；而立体的形、色变化较为自由，视觉上也较为活跃。可以这样理解，室内环境中的空间、色调、光线等形式要素，在组织上合乎某种规律时，在视觉上和心理上即产生节奏感。

韵律原本是指听觉上的感受，但是在视觉中也存在着韵律感。物体在时间中做运动，同样会使之享受到节奏感和韵律感。如对称、反复、渐变等都是节奏感很强的构成形式，它由构成形式的间隔、大小、强弱的循环不一构成视线节奏的快慢，使饰面产生丰富的韵律感，进而达到美的感受。

（四）比例与尺度

比例是物体和物体之间，以及平面布置上的有关数量（如长短、大小、粗细、厚薄和轻重等）在互相搭配后产生的客观尺寸关系。部分与部分之间，部分与整体之间，整体的纵向与横向之间等尺寸数量间的变化对照，都存在着比例。比例的组成往往与"数"相关联，数学上的等差数列、等比数列和黄金比例等都是常用的优美比例。尺度的变化也可以产生美感。

（五）对比与和谐

对比是指造型中包含着相对的或矛盾的要素，是构成要素的区别与分离，是差异性的强调，构成要素的互比互衬可以用来强化体量感、虚实感和方向感的表现力。造型有形、色、质的对比，如直线与曲线、圆形与方形、动态与静态、明与暗、大与小、虚与实等均可构成对比，使空间充满活力动感，扣人心弦。两个物体在同一因素差异程度比较大的条件下才会产生对比，差异程度小则表现为协调。对比强调差别，以达到相互衬托、彼此作用的目的。和谐是相同或相似的要素在一起，是近似性的强调，能满足人们潜在的心理对秩序的追求，是指在造型、色彩和材质各方面相互调和、协调一致和融洽，强调共性，使其形成主调，从而产生完整统一的视觉效果。

造型的和谐是指在一个室内空间或一个立面上，造型的风格与形式统一协调。造型不统一的室内环境往往会给人以杂乱不和谐的感觉。

色彩的和谐是指空间中各种色彩要相互协调,要遵循一定的秩序来分布。室内装饰不仅要求饰面的和谐,而且要求整个室内空间的和谐。无论是建筑结构与家具之间、家具与摆设品之间,还是家具与家具之间,都应该组成一个和谐的整体。对比与调和要相辅相成,过分的对比会造成刺激和不安定,而过分的调和又会造成平庸、单调,所以在视觉造型中必须注意把握对比与调和的适度。

第三节　室内设计的基本要求与依据

一、满足功能需求

一个建筑空间的形成,必然有其存在的意义和价值,而其价值就体现在它是否满足了人们的某种需求,这种需求的满足就可以看作是建筑空间的功能。可见,满足功能需求是室内空间设计最基本的原则,主要包括满足人们的生理、心理和精神需求。

例如,现代办公空间设计除了要满足员工工作的基本需求外,还要让员工在办公时感到心情愉悦、轻松快乐,进而让其享受工作的过程,因而,现代办公空间中不仅要有办公区和会议区,而且要包括休闲区、活动区、头脑风暴区、母婴区等,以满足员工各个方面的需求,如共享办公空间就是在考虑了使用功能之外,把人们的心理和精神需求也纳入设计的范畴,充分展现了人性化的设计理念。此外,空间的功能在一定程度上也制约了空间的形式(包括大小、形状、材料、声、光、色等)。例如,不同功能的购物中心与住宅空间相比,前者的面积必然比后者大,且空间形状也会更加复杂和多变;不同功能的体育馆和音乐厅,虽都有视听的要求,但因侧重不同,所呈现的空间形状及采用的界面装饰材料也大有区别。

由此可见,无论是空间的性质还是空间的形式,都是建立在空间功能的基础之上的。因此,在进行室内空间设计时,必须把满足功能需求放在首位,通过各种设计手段,最大限度地满足人们的生理、心理和精神的多重需求。

二、空间的充分利用

空间的充分利用是指通过合理地规划空间,使其既满足人们的使用需求,又提升人们的精神功能追求。对于面积较小的空间来说,充分利用墙面和角落空间,既节约空间,又能起到美化空间的作用,如利用墙体的厚度,在墙壁上做一些嵌入式的柜子,可以收纳各种电器设备和装饰摆件,也可以收纳物品且装饰墙面,在墙上粘贴挂钩或装饰架,用于挂放各种小物品;在空间的角落摆放具有特色的工艺品或绿植,用于装点空间,充分利用拐角空间设计书桌。对于较高大的空间而言,若不能充分利用,往往会呈现出空旷、平庸、呆板的视觉效果,给人一种浪费空间的感觉。因此,可以通过设置夹层分隔空间,提高其利用率,如常见的Loft 间形式,既合理地划分了空间,又使原空间得到了充分的利用,横向的夹层和竖向的柱子或楼梯改变了原有空间的呆板和沉闷,让空间充满强烈的动感,同时丰富了空间的层次。

三、原结构形式的利用

对空间原结构形式的利用是指不对建筑空间进行任何艺术化处理,而是将其原始结构完全裸露出来,以此表现结构构件的形式美。建筑原结构的形式除了有较原始的砖石、木材外,更多的是采用现代化的新材料,如钢铁、硬铝、塑料及各种复合材料等。

此外,由于一些室内空间受到空调、照明、消防等设备管线的制约,其结构的形式美无法充分展现,这就需要利用设计手段将所有设备的管线隐藏起来,使其不影响整体结构的美观性。例如,法国蓬皮杜艺术中心就是利用色彩将复杂的管线与外露的钢骨结构完美结合,既巧妙地化解了设备管线的外露问题,又使复杂的管线进行了明确的区分,充满了趣味性。室内空间的原结构形式可以是平面的,也可以是三维的;可以是壁画、雕塑,也可以是室内的结构构件(如楼梯等),甚至是一个主立面(如背景墙)。在室内空间设计中,重点的设计能营造主次分明的层次美感。通常,突出室内重点的设计手法有以下几种。

（一）位置

一般来说,室内重点都占据一个重要的位置。这个位置可以在室内空间的中心位置,也可以在空间的主要轴线上或对称位置上,还可以在垂直的主立面上。当然,并不是所有空间的重心都要放在中心点上。对于不规则的空间,也可以选择相对的均衡点来安排重点要素。

（二）数量

一般来说,一个室内空间的重点要素最多三个,过多会导致主次不分,没有重点。但是,如果重点要素的形态无太大差异,在数量上则可以不受限制,连续地重复所形成的重点形态更能烘托空间的装饰效果。

（三）造型

壁画、装饰物、雕塑、家具、楼梯等都可以成为空间的重点要素,通过不规则的或具有强烈对比的造型设计,可进一步突出室内重点。例如,可将重点要素与空间其他要素在方向上形成对比,使室内重点更为突出。此外,断裂、倒置、位移等手段也能较好地使重点要素的造型成为视觉中心。

（四）尺度

一般来说,夸张的尺度和超常的比例可使室内的重点要素引起人们的注意。因此,设计者要正确处理好重点要素和一般要素的尺度关系。

（五）质感

质感是指室内重点要素与其所属环境要素之间的材质或肌理的差别。也就是说,重点要素的材质与肌理要与一般要素有明显的区分。

（六）色彩

室内空间重点要素的色彩可以通过对比的手法,与周围环境产生反差,使之在空间中更加突出。

（七）照明

运用照明手段也可以实现重点要素的突出展示。运用局部照明的方式突出重点要素的形态、色彩等，或让重点要素实现内部自身的照明，使其成为独立的发光体，从而成为室内的视觉中心。

第四节　室内设计与人

现代室内环境设计越来越重视人、物和环境三者之间的关系，围绕以人为本的原则，以科学依据来实现它们之间的协调。因此室内设计除了要重视视觉环境的设计外，对物理环境、生理环境以及心理环境的研究和设计也要高度重视，并且将其运用到设计实践中去。

一、人体工程学的基本概念

人体工程学由于研究目的和研究方向不同，因而出现了许多不同但意义相近的名称。日本的人机工程学将其定义为："这门学科是研究人在工作环境中的解剖学、生理学、心理学等诸方面的因素，研究人—机器—环境系统中的交互作用着的各组成部分（效率、健康、安全、合适等）在工作条件下、在家庭中、在休假的环境中，如何达到最优化的问题。"从室内设计角度来研究人体工程学，就是以人为主体，运用人体计测和生理、心理计测等手段与方法，研究人体结构功能、心理、力学等方面与室内环境之间的合理协调关系，以适合人的身心活动的要求，取得最佳的使用效能，其目标应是安全、健康、高效和舒适。其实人、物、环境是密切地联系在一起的一个系统，运用人体工程学人可以主动地、高效率地支配生活环境。

二、人体工程学的基础数据和计测手段

（一）人体构造

与人体工程学关系最紧密的是运动系统中的骨骼、关节和肌肉，这

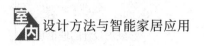

三部分在神经系统支配下,使人体各部分完成一系列的运动。

（二）人体尺度

人体尺度是人体工程学研究的最基本的数据之一。

人体尺度可以分为静态和动态的尺寸关系,静态尺寸是人在静止状态中测量的维度,动态尺寸是人在活动和动作时的尺寸维度。

（三）人体动作域

人们在室内进行各种工作和生活活动时范围的大小称为人体的动作域,它是确定建筑内部各种空间尺度的主要依据。人体的动作域是人体处于运动时的动态尺寸,因此在设计中主要以人体的基本动作和尺度为依据。

人们在从事某项工作时,需要占有一定的空间范围。在进行室内装饰设计时,确定人体工作活动所需空间的依据,就是人体在工作时所达到的极限平面和立体的空间范围这个操作空间范围的尺度和设施的大小。

三、人体工程学在室内空间设计中的应用

（一）人体尺度与使用空间范围

尺度问题是人体工程学最基本的内容。地域、种族、性别、年龄、职业、生活、环境等因素的不同会造成人体中个体之间、群体之间的尺度差异,对人体尺度在设计中的应用,通常各个国家只能依据自己的国情、人口状况、地区差异制定出符合本国本地区的人体尺度规范。

人体尺度是设计师进行室内空间设计时必须考虑的基本因素,人的身体会因年龄、健康状况、性别、种族、职业等的不同而有显著的差异,必须考虑差异性对设计产生的具体影响。

1962 年,中国建筑科学院根据我国人体测量值发表过《人体尺度的研究》。1989 年,我国公布了《中国未成年人人体尺寸》（GB1000-88）。人体尺寸的国家标准,为我国人体工程学设计提供了基础数据,该标准适合于工业产品、建筑与室内设计、家具设计、军事工业及劳动保护等领域,建筑师与室内设计师应用尺度的测量学结果,科学、合理地确定建筑室内空间的各种尺度关系,对于提高环境质量,保证舒适、安全、高

效等方面具有很大的指导意义。应注意根据具体的群体或个体有针对性地使用测量数据,测得的数据只是人体尺度的数据,使用时应根据不同季节的衣着状况进行灵活修正,调整好特定环境中人与物合理、舒适的尺度数据。

当一个人在一个特定的场所活动身体的不同部位时,就会产生一个平面或三维空间,这就是动作区域。功能的尺寸比结构的尺寸具有更大的使用价值。大多数人都处于空间环境在动态变化的情况下,根据结构尺寸来解决空间设计问题仍然存在着不少问题,有很大的局限性。功能尺寸包括"平面工作范围"和"立体工作范围","平面工作范围"是由人体处于静止状态时手、脚的最大伸展面积,"立体工作范围"是人体通过水平或垂直的一个或多个动作完成的立体组合动作构成的范围。

从人体解剖可以看出,人体关节可以在不同的方向、不同的角度运动,根据肢体运动的大小,可分为正常值、极限值。正常值适用于经常性、高频率场合使用;极限值会导致工作效率低、造成疲劳、事故,适合使用频率较低的场所。这些结果对于确定工作台、机柜架、手柄高度和宽度的不同尺寸非常有用。处于动态时的"立体作业范围"包括由于活动需要,变换姿势和移动位置所占有的空间。

在考虑室内空间的上限时,应以人体的上限为参考,通常人体的高度以 1800mm 为参照值,加上鞋的厚度为 20mm,得出上限室内最低高度不得低于 2000mm,扶手高度、门把手高度、床长度等应考虑人体高度。

在考虑房间内最小空间时,应以女性为参照,除鞋厚 20mm 外,如楼梯台阶、壁柜壁板、挂衣杆高度及其他空间设置物的高度,如洗脸台,厨房台面的高度等,都应参照女子人体较低尺度下限。一般的室内空间尺寸应根据中国成年男女的平均身高,加上 20mm 厚的鞋来考虑,如剧院、商业环境、展览空间、娱乐场所等设施。儿童室内空间,应当根据不同年龄儿童的高度,确定空间的大小。

在分析和综合的过程中,设计不断接近目标,分析所得的数据未必能原封不动地应用于设计中,应灵活地运用人体工程学研究成果。人体工程学是控制设计的一种有效手段,它不仅能满足大多数人的需要,也能组织、照顾、满足少数人和特殊人的需要。

家具、设施为人所使用,对它们的形体、尺度设计必须以人体尺度为主要依据,为了人们能更好地使用这些家具和设施,要充分考虑满足其周围人体活动需求的空间尺度,必须留有活动和使用的空间余地。因此,要使家具和设施使用方便,就要了解人机工程学学科中人体活动的各种功能尺寸。对于人处在空间小而又长时间工作的环境,其内容测试的要求也越高,如对交通工具内部空间的设计。

室内物理环境主要是室内温度、通风、声环境、光环境、重力环境、辐射环境等,有了上述要求的科学参数后,在设计时就可能有正确的决策,这样才能够创造出舒适、宜人的空间环境。

对视觉要素的计测,为室内视觉环境设计提供科学依据。要使室内的空间形态符合人的审美要求,就要懂得人的视觉特征,人眼的视力、视野、光觉、色觉等视觉要素,但更多的是来自对比例与尺度的美感获得,必须要不断地用视觉去注意和品味事物具体的视觉特点以及它们之间是以如何的相互关系、相互作用来构成的视觉环境的美学品质和人与环境交互作用的特点等等。人体工程学通过计测得到的数据,为室内光照设计、室内色彩设计、视觉最佳区域设计等提供了科学的依据。

在室内设计时,参照的人体基本活动尺度,应考虑在不同的空间与围护的状态下,人们动作和活动的安全性和适宜尺度,以及空间使用的功能性、观赏性要求。

(二)人体尺度与居住空间设计

在居住空间设计中,要注重人体在室内物理环境中的最佳参数。室内物理环境包括室内热环境、声环境、光环境、重力环境、辐射环境等等。

在居住空间设计中应注意以下几点:

(1)沙发与茶几、视听设备之间的尺度关系。

(2)人流通道的顺畅及与家具之间的尺度关系。

(3)人坐在坐卧性家具上相互交流的角度及尺寸关系。

(4)墙面装饰与人的坐姿、立姿之间的视阈关系。

(5)凭倚类家具与人坐姿、站姿之间的尺寸关系。

(6)贮存类家具中的陈列品与人的视角之间的尺寸关系。

(三)人体尺度与餐饮空间设计

餐饮空间以餐饮部分的规模、面积和用餐座位数为设计指标,因空间的性质、等级和经营方式而异。餐饮空间的等级越高,餐饮面积指标越大,反之则越小。餐厅的面积一般以 $1.85m^2$ 每座计算,指标过小会造成拥挤,过大易增加工作人员的劳作活动时间和精力。

餐饮空间中,大中型餐厅的餐座总数约占总餐座数的70%—80%。小餐厅的餐座总数约占总餐座数的20%—30%。影响餐座面积的因素有饭店的等级、餐厅等级、餐座形式等。

餐饮设施的常用尺寸主要有:

餐厅服务走道的最小宽度为900mm,通路最小宽度为250mm,餐桌最小宽度为700mm,四人方桌900×900mm,四人长桌1200×750mm,六人长桌1500×750mm,八人长桌2300×750mm,一人圆桌最小直径750mm,二人圆桌最小直径850mm,四人圆桌最小直径1050mm,六人圆桌最小直径1200mm,八人圆桌最小直径1500mm,餐桌高720mm,餐椅座面高440—450mm,吧台固定凳高750mm,吧台桌面高1050mm,服务台桌面高900mm,搁脚板高250mm。

在餐饮空间设计中应注意以下几点:

(1)餐桌布局中主通道与支通道的尺度关系。

(2)餐桌的大小与进餐的人数之间的关系。

(3)餐桌的基本尺寸与人体需求之间的关系。

(4)服务员送餐的通道尺寸及最佳路线。

(5)服务台内工作人员的活动范围及物品摆放的最佳尺寸。

(四)人体尺度与办公空间设计

办公空间形式多种多样,有办公室、会议室、研究室、教室、实验室等形式。这类空间既有开放性,又有私密性。确定这类空间的尺度,首先要满足个人空间的行为要求,然后再满足与其相关的公共行为的要求。

在办公空间设计中应注意以下几点:

(1)符合办公空间的使用性质、规模与标准。

(2)办公家具与使用者之间的尺寸关系。

(3)办公设备与使用者之间的关系。

(4)屏风式隔断的分割、高矮尺寸与使用者之间的需求关系。

(五)人体尺度与购物空间设计

购物空间中,商品展示道具的尺度受商品、环境、人、道具自身结构、材料和工艺等要素的限定,其尺度标准的制定应综合起来考虑。厅堂内挂镜线的高度通常为 350cm,桌式陈列柜总高约为 120cm,底座约为 60cm,立式陈列柜总高为 180—220cm,底抽屉板距地面约为 60cm,低矮的陈列柜视商品大小而定。店堂通道的位置将直接决定购物面和售货面的面积。

应注意以下几点:

(1)商场中营业面积与人流之间的尺寸及比例关系。

(2)陈列架的高度与人的立姿视阈之间的关系。

(3)陈列架柜的摆放及与所售物品相互之间的尺寸及比例关系。

(4)展柜下部存放空间与人的动作之间的尺度关系。

四、环境心理学与室内设计

环境心理尺度是以环境心理学为依托的环境设计因素。它重视生活于人工环境中人们的心理倾向,从人的心理特征来考虑和研究设计中的环境问题,在创造室内人工环境时能更好地实现人与环境的交流融合,做出符合人们心愿的健康、舒适、安全的室内空间。

在室内设计中,应考虑在建筑物的出入口、地面、电梯、扶手、公共厕所、浴室、房间等各处场合设置残疾人可使用的相应设施和方便残疾人通行的无障碍设施。尤其是商业建筑,要按面积大小实现不同等级的无障碍设计。建筑面积大于 1500m^2 的大中型商业建筑要为残疾人、老年人提供专用停车场、厕所、电梯等设施和空间。在机场、火车站等地,无障碍设施、尺度、服务空间更应完善。

人在室内环境中,其心理与行为尽管有个体之间的差异,但从总体上分析仍然具有共性,仍然具有以相同或类似的方式做出反应的特点,这也正是进行设计的基础。下面列举几项室内环境中人们的心理与行为特征。

(一)领域性与人际距离

领域性原是动物在环境中为取得食物、繁衍生息等的一种适应生存的行为方式。人与动物在语言表达、理性思考、意志决策与社会性等方面有本质的区别,但人在室内环境中生活、生产时也总是力求其活动不被外界干扰或妨碍。不同的活动有其必需的生理和心理范围与领域,人不希望轻易地被外来的人或物所打扰。

人际距离是生活和工作中人与人之间的空间距离。美国学者霍尔研究发现 46—61cm 属私人空间,一对恋人可以安然地待在对方的私人空间内,若其他人也处在这一空间内,就会显得很尴尬。领域是一个固定的空间或区域,其大小可随时间和生态条件而调整。领域主要包括意识形态或社会活动的范围,如思想领域、学术领域、生活领域、科学领域等等。人的生活与工作中总是有与其相适应的生理和心理范围与领域,以保持工作或生活不被外界影响。

（二）私密性

私密性是人们对居住空间功能设计的基本需求之一。私密性强调个人或家庭所处环境具有隔绝外界干扰的作用,并可以按照自己的意愿支配自己所在环境的自由。在日常生活中,为保护个人空间的私密性,人们总在空间中趋向尽端区域,即私密性越强,尽端区域性越强。

（三）从众与趋光心理

从公共场所发生的非常事故中可以观察到,紧急情况时人们往往会盲目跟从人群中领头的急速跑动的人,不管其去向是否是安全疏散口,这就属于从众心理。同时,人们在室内空间中流动时,还具有从暗处往亮处移动的趋向,即趋光心理。因此,设计者在创造公共场所室内环境时,首先就应注意空间与照明等的导向。标志与文字的引导固然也很重要,但从紧急情况时的从众和趋光的心理与行为来看,对空间、照明、音响等较直观的因素需予以高度重视。

（四）空间形状的心理感受

由各个界面围合而成的室内空间,其形状特征常会使活动于其中的人们产生不同的心理感受。三角形、多灭点的斜向空间常给人以动态和富有变化的心理感受,矩形的空间就可以给人稳定的方向感,不规则的几何形给人以不稳定、变化、不规整的感觉。

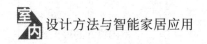

第五节　室内设计师

与室内设计师相关的称谓最早出现在19世纪末的美国,首创人物是埃尔西·德沃尔夫(1865—1950),使用的头衔为"室内装饰师",主要任务是按照各种传统风格,为客户提供色彩和植物搭配的意见,并提供一些可以搬动的家具和配件等,还进行如线脚和嵌板安装等简单的服务。

同时,与建筑本身有关的室内设计业也在发展之中,重点是空间规划、功能和结构设计以及室内装饰的技术方面,这样的从业者后来被称为"室内设计师"(欧洲称为"室内建筑师")。

从社会的角度来看,设计师的设计过程是有目的的社会行为,不是设计师的"自我表现"。它是应社会的需要而产生,受社会限制,并为社会服务的。因此,作为设计创作主体的设计师,应该明白自己的社会职责,自觉地运用设计知识为社会服务,为人类造福。

为了满足不同客户对室内空间的要求,室内设计师必须具备过硬的专业知识和良好的职业素养。室内设计师应该具备较强的空间想象能力、空间思维能力和空间表现能力,熟练掌握人体工程学知识,了解装饰材料的性能、样式和价格,并能够将大脑中初步构思的空间设计方案,通过手绘制图或电脑制图的方式准确而真实地展现在客户面前。只有处理好这些专业上的问题,才能创造出更加完美的空间形式,并最终使自己设计的方案为客户所接受。

一、室内设计师的职业技能

(一)美术基本功

具备一定的美术基本功,包括素描、色彩、构成、速写、手绘效果图等。

(二)电脑操作能力

具备为设计方案服务的电脑操作能力。

（三）室内设计理论

掌握一定的室内设计理论，包括中外建筑史、各种时期的设计风格、人体工程学、色彩心理学、空间规划等。

（四）相关学科基础

具备一定的相关学科基础，包括物理、化学、电工、音响基础、应用力学、心理学、哲学、预算、公共关系学等边缘学科的基础知识。

（五）工程施工工艺知识

具备一定的工程施工工艺知识，包括木工、泥水、给排水、电工、油漆的基础知识等。

二、室内设计师的职责

室内设计师的职业是为人们创造舒适、美观的室内环境，这种职业特点决定了室内设计师所服务的对象主要是人。因此，人的不同年龄、职业、爱好和审美倾向等因素制约着室内设计师的工作。室内设计师的职责就在于必须满足不同的人对室内空间的不同审美要求，有的人喜欢古典风格，雍容、华贵；有的人喜欢简约风格，休闲、轻松；有的人喜欢现代风格，时尚、激情；有的人喜欢乡土风格，自然、野性。客观上，人人都满意的设计是不存在的，室内设计师必须善于把握主流的审美倾向，全面、系统地分析客户的实际情况和提出的要求，设计出具有共性的，能够让客户接受的室内设计方案。归纳起来，室内设计师的职责主要包括以下几方面。

（一）创造合理的内部空间关系

主要是根据空间的尺度对室内空间进行合理的规划、调整和布局，满足室内各空间的功能要求。

（二）创造美观、舒适的空间环境

主要对室内设备、家具、陈设、绿化、造型、色彩和照明等要素进行

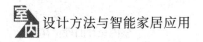

精心的设计和布置,力求创造出具有较高艺术品位的室内空间环境。

三、室内设计师的职业素养

室内设计师应该具备较高的艺术修养。绘画是艺术的重要表现形式,绘画能力的高低在一定程度上体现着设计师水平的高低,优秀的室内设计师应该具备较深厚的美术基本功和较高的艺术审美修养,还应该善于吸收民族传统中精髓的部分,善于深入生活,从生活中获取创作的源泉,不断拓宽自己的创作思路,创造出具有独特艺术魅力的作品。室内设计师应该具备全面的交叉学科综合应用能力,如了解一定的经济与市场营销知识,能处理各种公共关系,掌握行业标准的变化动态、装饰材料的更新及新技术、新工艺的制作技术等。

(一)良好的艺术素养

设计师要有良好的创新意识和开阔的艺术思维能力,具备敏锐的艺术觉察能力和鉴赏力,关注国内外设计艺术和其他相关艺术的发展动态,了解视觉艺术的历史发展和艺术风格、流派的演变,善于捕捉新的艺术思潮和方向。设计师还应具备相当的文化修养,对艺术有较高的欣赏能力和鉴赏水平,以便于从各类艺术中汲取营养,启发创作灵感。

(二)专业设计知识和造型艺术能力

室内设计是一种综合性的创造表现。设计师对空间环境的组织和处理是首要的。因此,设计师要具备空间环境的基本认识和设计想象能力,掌握与室内设计有关的建筑、室内设计知识,了解与此相关的法律和规范。设计师还要了解建筑与室内设计的基本原理和常用手法,除了具有建筑和室内设计的一般制图和识图能力外,还要懂得有关的法规,能够按照国家和行业的规范,应用技术性的语言来表达自己的设计意图。

(三)对新技术的了解和认识

室内设计师要破除固有的思维模式及表现手法,善于运用新的科技成果,在室内设计中体现科技发展的前沿性。电子科技和计算机多媒体技术在室内艺术中有广泛的应用空间和前景,在计算机技术迅速发展的今天,室内设计师应对各种计算机技术在设计领域应用的可能性进行大胆的尝试,勇于探索。

（四）公关协调能力和合作意识

室内设计是一项涉及多种专业技术和社会层面的工作,从事这项工作必然要与各种相关的人员打交道。在设计市场变化的今天,现代设计师应该具有经营和服务意识。设计师是用自己的设计作为产品,因此要善于与外界沟通,推销自己和自己的设计图,赢得他人的信任。

第二章

室内设计的主要内容

当人们走进室内，首先感觉到的就是空间是狭小还是空旷，是生动还是呆板。空间设计是室内设计最重要的组成部分，它关系到一个设计作品的成败。如何能够合理地利用空间，创造出一个健康、舒适、愉悦和富于文化品位的室内空间环境，是每个室内设计师的重要任务。

第一节　空间设计

　　室内空间是人类文明、文化的表征,是室内设计的重要核心内容。如果将建筑比喻为人,室内空间即是躯体内部的五脏六腑、神经、血管等,这些部分对人体而言都是不可或缺的。空间设计也是室内设计这门艺术打动人的主要语言,经过长期的历史发展,室内空间设计集中体现了地域气候、民族风俗、政治经济、宗教信仰、科技水准等诸多人文因素,成为人的内在因素的外化形式。

　　由于复杂的原因,过去人们往往疏忽了空间,而更多地关心和加工、修饰室内的立面,他们忽视了这样一个事实:一个成功的室内设计绝不只是一件仅能欣赏的艺术品。室内设计的目的是要创造一个满足人的生理和心理需要的室内空间,空间中空的部分才是设计的内容和重点,而实的部分如结构、材料、照明、陈设则是从属的手段和形式,"实"的部分是为了"空"的部分的实现而存在的。正如老子所云:"有之以为利,无之以为用。"空间是客观界面实体限定下的"虚无",这样的虚无因为界面的变化可以人为延伸和缩短,可以张扬和压缩,可方可圆,可虚可实。它除了具有包容人群和物品的实用功能外,还会引起人们千差万别的心理反应。

一、空间的概念

　　室内空间指建筑的内部空间,是建筑空间环境的主体。空间设计是室内设计中的一个重要的要素。了解并掌握室内空间要素的相关知识是顺利完成室内设计的必要条件,是实现设计以人为本的基本途径。

二、室内空间的类型

　　室内空间的类型较为广泛,有结构空间、悬浮空间、交错空间、共享空间等,但概括起来说,室内空间主要可分为开敞空间与封闭空间、动态空间与静态空间、虚拟空间与实体空间三组空间类型。

　　开敞空间与封闭空间是以室内空间的功能性质为依据来划分的。开敞空间私密性较小且具有外向性和扩展功能,它强调与周围环境的交流、渗透,讲究对景、借景与大自然或周围空间的融合。封闭空间是用限定性比较高的围护实体围合起来的,是对视觉、听觉、温度等都有很强的隔离性的空间。

　　虚拟空间和实体空间主要是以室内空间的界面限定形式来划分的。我们往往将一个由顶面、四周的墙面和地面围成的空间叫作实体空间,而将另一些空间范围不明确的、空间限定程度很小的空间称虚拟空间。

　　设计者在完成对空间定性的思维之后,就是进一步确定空间主次。设计者在进行空间设计的过程中,既要突出主要空间,又不能忽视辅助空间的设计,要把主要空间的重要性和辅助空间的必须性结合起来进行有条理的空间划分。解决复杂的空间矛盾,要从室内空间主次的定位着手,抓住主要空间的重要性,又不可忽视次要空间的必要性。

三、室内空间的组织

（一）封闭式分隔

　　用限定度(隔视、隔音、保暖、防潮等)高的实体界面分隔空间,具有秘密性和抗干扰性。采用封闭式分隔的目的,是为了对声音、视线、温度等进行隔离,形成独立的空间。这样相邻空间之间互不干扰,具有较好的私密性,但是流动性较差。一般利用现有的承重墙或现有的轻质隔墙隔离。多用于卡拉OK包厢、餐厅包厢及居住性建筑。

（二）局部分隔

　　用片段的面(屏风、翼墙、家具等)划分空间,称为局部分隔。它的特点介于绝对分隔与象征性分隔之间,有时界线不大分明。采用局部分隔的目的,是为了减少视线上的相互干扰,对于声音、温度等没有分隔。这种分隔的强弱因分隔体的大小、形状、材质等方面的不同而异。局部划分的形式有四种,即一字形垂直划分、L形垂直划分、U形垂直划分、平行垂直面划分。局部分隔多用于大空间内划分小空间的情况:视线可相互透视,强调与相邻空间之间的连续性与流动性。

（三）象征性分隔

利用低矮的面、色彩材质栏杆、花格、家具、水体、悬挂物等因素分隔空间,侧重心理效应,层次丰富,意境深邃。

（四）弹性分隔

用可移动的物体制造可变化的分隔空间,也称灵活空间。灵活隔断是现代室内设计的重要原则。居于开放式隔间或半开放式隔间之间,在有特定目的时可利用暗拉门、拉门、活动帘、叠拉帘等方式分隔两个空间。例如卧室兼起居或儿童游戏空间,当有访客时将卧室门关闭,可成为一个独立而又具有隐私性的空间。

四、室内空间的组合

（一）两个单一空间的组合

1. 主次空间组合

在两个空间互锁时,其中一个是主空间,形状相对完整,另一个是次空间,呈减缺性,从属于主空间。

2. 包容空间组合

两个大小明显不一的内空间互相叠合时,体积大的空间将体积小的空间容纳在内。

3. 互锁与过渡空间组合

两个空间互相有一部分区域重叠,成为共有的空间地带。

4. 共享空间组合

两个空间在互锁关系中均能保持各自的空间形状,从而产生一种暧昧、多义的空间感觉。

（二）多数单一空间组合

1. 线性内空间组合

可是水平方向的也可是垂直方向的组合,具有鲜明的节奏感,有运动、延伸、增长的意义。

2. 聚中式空间组合

一些次要空间围绕着一个中心的主导空间,属于向心式构成。

3. 网格式空间组合

由网格内结构轴线交织所构成,当平面网格向第三度方向伸展后产生的空间网格。

第二节　界面装修设计

室内界面,由室内空间的水平底面(楼、地面)、分区侧面(墙面、隔断)和顶面限定(平顶、天棚)围合而成,各个组成部分都直接影响到室内环境氛围的营造。

从室内设计的整体观念来说,我们必须把空间与界面有机地整合在一起来分析和对待。具体的设计过程中,在室内空间组织、平面规划基本确定后,对界面实体的设计就显得非常突出。界面设计应满足独特的功能、造型、技术的特点,其涉及形、质、色,以及灯光照明、陈设布置等,同时还应综合考虑室内连接构造、通风、水电管线设施的协调配合。所以必须综合考虑各方面的因素来选配和设计界面形式,才能取得总体的协调和统一。

一、顶棚装修设计

顶棚的装修界面装修手法有很多种,但主要是要考虑到整体空间的完整性,要确保顶棚与墙面、地面的界面组成的空间的协调一致。顶棚的设计手法大致可分为以下几类。

（一）平面式顶棚设计

平面式顶棚主要是指顶棚表面平整，无凹凸变化。很多大面积的室内空间采用这种顶棚设计方法，如商店、办公室、教室、住宅等。这种顶棚设计既可以在原建筑的天花板上直接装饰，也可在以下装平顶式吊顶。这种装饰风格简洁、大方，造价低，安装方便，即使只采用简单的面板材料、壁纸或有规则的灯具排列，也能起到很好的装饰效果。

（二）立体式顶棚设计

立体式顶棚主要是指顶棚表面有凹凸变化，或有单层或多层的递进关系。这种顶棚常应用于服务类建筑和公共建筑中，一般都设计于它们空间的重点部位。立体式顶棚设计要有整体观念，防止使室内空间支离破碎。立体式顶棚的自身节奏感和韵律感要同整个室内空间相适应。顶棚的形状变化要有规则，其造型可以延续这种规则，也可以按柱子的节奏构成若干个重复的单元。

（三）结构式顶棚设计

主要是指利用建筑天花板的结构构件，结合灯具、各种管线和设备设计顶棚的一种艺术处理手法。结构式顶棚包括纯粹利用原建筑构件和设备形成的顶棚，以及结合顶部构件和设备的特点，局部添加与之相配的装饰构件的顶棚。著名的蓬皮杜艺术中心，就是纯粹利用建筑构件和设备体现高科技美学的典范。后一种手法也很常见，比如在一些中式餐厅中，设计者就利用了某些屋顶的"井"字梁，巧妙地将通风、消防、电器设备包在假梁中，做成了仿中国传统的藻井，具有浓郁的民族风格。[①]

（四）悬吊式顶棚设计

主要指各种平板、曲板或折板吊挂在建筑天花板上的一种艺术处理手法。这种设计形式比较自由、活泼，常用于重点局部空间，给人以较强的视觉冲击。它适用于音乐厅、影剧院或文化艺术类建筑的室内空间。布局手法灵活、生动，如用软织物作垂直饰物，将局部空间顶面降低。另

---

① 詹学军.室内设计 [M] 合肥：合肥工业大学出版社，2014.

外,色彩斑斓的柔性动态织物也能给空间增添活跃的气氛。

二、墙面装修设计

墙面,位于人视野的最佳位置,也是人体经常接触到的界面,所以在室内设计中意义重大。墙面的装饰从功能取向到装饰作用有三个层面。首先是保护墙体。譬如,公共室内空间的墙面,如果没有贴面或是墙裙的保护,就极易受污损,也很难满足室内环境的某些物理条件(如防潮、防火等要求)。其次是室内的使用功能要求,例如,某些歌舞厅需要用墙面软包来降低噪声,有些图书馆需要墙面配合形成均匀而柔和的照明度,有些室内空间甚至需要通过墙面来安排一些设备管线,辅助通风、照明等功能。最后是美化环境,提供高品质的气氛效果。这就要利用墙面的形状、材质、图案和色彩,应用美学规律,渲染艺术效果。与其他界面一样,墙面的艺术处理也要注意与其他界面的协调,共同营造室内空间的艺术气氛。墙面的艺术处理首先要满足该空间对墙面的物理性和功能性要求。任何一个空间都有防火、防潮、防污染和防噪等方面的要求。

墙面的物理性,主要与墙面材料的选择有直接关系。另外,对墙面物理性能的要求,也要根据实际情况,不要一味追求高标准。比如,一般电影院的墙面,吸声要求较高,而教室的墙面就无须选用吸声标准高的材料。墙面的设计要根据具体情况,满足墙面的耐久性以及照明、采光等方面的要求。

三、地面装修设计

地面在整个装修设计中居于次要地位,主要起衬托作用。因此在装修设计时要充分考虑到与主体风格的一致性。如果处理得当,它本身也会具有独立的审美价值。地面虽然在界面设计中居于次要地位,但由于它也处于视野的主要区域,所以其艺术处理也必须设计得体。

另外,在一些小空间的处理中将地面与墙面作同样的处理,也是一个好办法。这样可以使地面的设计与墙面相互呼应,整个空间更具整体感,空间更完整,整体性更好,也会显得较宽。

还有,地面的色彩要注意烘托效果,要从空间出发,决定地面与家具的色彩关系是和谐统一还是对比反衬。地面选用的材料要根据空间的使用功能选择不同的种类。一般来说,住宅中除了卫、厨两室,都可用木材。

四、装修材料和施工

室内界面材料也称装饰材料,是界面设计中涉及设计成果的重要环节,是表现室内装饰效果的基本要素,是方案构思得以实现的物质基础。它最为直接地影响到室内设计整体的实用性、经济性、环境气氛和美观。

材料不仅用以实现空间的功能和审美属性,其本身也会携带丰富的信息,表达某种含义和思想。用正确的方法善于和精于运用材料,才能以率真的方式去解决人们室内环境的需要。室内顶面和地面协调统一,室内界面设计既有功能技术要求,也有造型的美观要求。因此,设计师一方面应该对装饰材料的品种、规格、质地、性能有深刻的认识,另一方面又必须了解材料的价格和各种结构的可能性与加工特点,便于在工作中正确识别材料、选择材料、使用材料,以有效进行界面设计,把控室内设计的总体效果,实现设计构思。

装修材料按用途来分,可分为顶棚用材料、地面用材料、墙面用材料等。按照材质分可分为以下几种。

(一)木质材料

木质材料是室内装饰最常用的材料之一,在室内装修设计中深受设计师和业主的喜爱。由于具有其他许多材料所不能替代的优良特性,木质材料至今在建筑装饰装修中仍然占有极其重要的地位。虽然其他种类的新材料不断出现,但木质材料仍然是家具和建筑领域不可缺少的材料,木质材料特点可以归结如下:不可替代的天然性、典型的绿色材料、优良的物理力学性能、良好的加工性。[1]

---

[1] 詹学军.室内设计[M] 合肥:合肥工业大学出版社,2014.

图 2-1　木质材料

木质材料在室内设计中常用作护墙板、木地板等。下面介绍木护墙板和木地板的施工。

1. 木护墙板、木墙裙的施工

（1）木护墙板、木墙裙施工工艺流程

处理墙面→弹线→制作木骨架→固定木骨架→安装木饰面板→安装收口线条。

（2）木护墙板、木墙裙施工的注意事项

墙面要求平整：如墙面平整误差在 10mm 以内，可采取抹灰修整的办法；如误差大于 10mm，可在墙面与龙骨之间加垫木块。钉木钉时，护墙板顶部要拉线找平，木压条规格尺寸要一致。墙面潮湿，应待干燥后施工，或做防潮处理。

2. 木地板的施工

（1）木地板的常见铺设方式

粘贴式铺设：在混凝土结构层上用 15mm 厚、1∶3 的水泥砂浆找平，使用黏结剂，将木地板直接粘贴在地面上。

实铺式铺设：实铺式铺设基层采用梯形截面木隔栅（俗称木棱），木隔栅的间距一般为 400mm，中间可填一些轻质材料，以减低人行走时的空鼓声，并改善保温隔热效果。为增强整体性，木搁栅之上铺钉毛地板，最后在毛地板上钉接或粘接木地板。

架空式铺设：架空式铺设是在地面先砌地垄墙，然后安装木隔栅、毛地板、面层地板。因家庭居室高度较低，这种架空式铺设很少在家庭装饰中使用。

（2）木地板的基本工艺流程

粘贴法施工工艺流程：基层清理→涂刷底胶→弹线、找平→钻孔、安装预埋件，安装毛地板、找平、刨平→钉木地板、找平、刨平→钉踢脚板→刨光、打磨→油漆→上蜡。

实铺法施工工艺流程：基层清理→弹线→钻孔安装预埋件→地面防潮、防水处理→安装木龙骨→垫保温层→弹线、钉装毛地板→找平、刨平钉木地板、找平、刨平→装踢脚板→刨光、打磨→油漆→上蜡。

（3）木地板装饰施工的注意事项

实铺地板要先安装地龙骨，然后再进行木地板的铺装。木地板安装前应进行挑选，剔除有明显质量缺陷的不合格品；将颜色花纹一致的铺在同一房间，同一房间的板厚必须一致。购买时，应按实际铺装面积增加 10% 的损耗一次购买齐备。铺装木地板的龙骨应使用松木、杉木等不易变形的树种，木龙骨、踢脚板背面均应进行防腐处理。

（二）石质材料

石质材料也被广泛应用于建筑的各个方面，它具有众多的优点：首先，石质材料具有防火、耐腐蚀、经久耐用的特性。由石质材料建造的建筑大都可以留存很多年，基本不需要维护，在巨大压力之下仍能保持原形。

天然石质材料主要指天然大理石，人造石质材料主要有聚酯型人造石材、复合型人造石材、水泥型人造石材和烧结型人造石材。

石质材料主要用在墙面和地面的装修中，下面介绍石质板材墙面和地面的做法。

1. 石质板材墙面的施工

石质板材的墙面，因天然石材较重，为保证安全，一般采用双保险的办法，即板材与基层用铜丝绑扎连接，再灌水泥砂浆。饰面板材与结构墙间隔 3—5cm 作为灌浆缝，灌浆时每次灌入高度 20cm 左右，凝实后继续灌注。

石质板材的墙面施工工艺流程：基层处理→安装基层钢筋网→板

材钻孔→绑扎板材→灌浆→嵌缝→抛光。

2. 石板地面装饰施工

室内地面所用的石板材料一般为磨光的板材,板厚20mm左右,目前也有薄板,厚度在10mm左右,适于家庭装饰用。每块大小在300×300mm—500×500mm。可使用薄板和1:2水泥砂浆掺107胶铺贴。

(1)石板装饰施工基本工艺流程

清扫整理基层地面→水泥砂浆找平→定标高、弹线→选料→板材浸水湿润→安装标准块→摊铺水泥砂浆→铺贴石材→灌缝→清洁→养护交工。

(2)石板装饰施工注意事项

铺贴前将板材进行试拼,对花、对色、编号,以使铺设出的地面花色一致。石材必须浸水阴干,以免影响其凝结硬化而发生空鼓、起壳等问题。

(三)陶瓷类材料

在建筑装饰工程中,陶瓷是最古老的装饰材料之一。随着现代科学技术的发展,陶瓷在花色、品种、性能等方面都有了巨大的变化,为现代建筑装饰装修工程带来了越来越多兼具实用性和装饰性的材料,在建筑工程中应用十分普遍。陶瓷类材料主要有釉面砖和地砖等。

1. 陶瓷地板的装饰施工基本工艺流程

(1)铺贴彩色釉面砖类

处理基层→弹线→瓷砖浸水湿润→摊铺水泥砂浆→安装标准块→铺贴地面砖→勾缝→清洁→养护。

(2)铺贴陶瓷锦砖(马赛克)类

处理基层→弹线、标筋→摊铺水泥砂浆→铺贴→拍实→洒水、揭纸→拨缝、灌缝→清洁→养护。

2. 陶瓷地板装饰施工的注意事项

基层必须处理合格,不得有浮土、浮灰。陶瓷地面砖必须浸泡后阴干,以免影响其凝结硬化而发生空鼓、起壳等问题。铺贴完成后,2—3小时内不得上人。陶瓷锦砖应养护4—5天后才可上人。

（四）涂料类材料

涂料是指涂敷于物体表面，与基体材料很好地黏结并形成完整而坚韧保护膜的物质。由于在物体表面结成干膜，故又称涂膜或涂层。涂料与其他饰面材料相比具有重量轻、色彩鲜明、附着力强、施工简便、省工省料、维修方便、质感丰富、价廉质好以及耐水、耐污染、耐老化等特点。涂料的品种繁多、性能各异，按使用部位分为外墙涂料、内墙涂料及地面涂料。

1. 乳胶漆墙面的施工工艺流程

清扫基层填补腻子→局部刮腻子→磨平→第一遍满刮腻子→磨平→第二遍满刮腻子、磨平→涂刷封固底漆→涂刷第一遍涂料→复补腻子→磨平→涂刷第二遍涂料→磨光交活。

2. 乳胶漆装饰施工的注意事项

基层处理是保证施工质量的关键环节，其中保证墙体完全干透是最基本条件，一般应放置10天以上。墙面必须平整，最少应满刮两遍腻子，直至满足标准要求。乳胶漆涂刷的施工方法可以采用手刷、滚涂和喷涂。涂刷时应连续迅速操作，一次刷完。涂刷乳胶漆时应均匀，不能有漏刷、流附等现象。涂刷一遍，打磨一遍，一般应两遍以上。腻子应与涂料性能配套，坚实牢固，不得粉化、起皮、裂纹。

（五）金属类材料

目前，建筑装饰工程中常用的钢材制品主要有不锈钢板与钢管、彩色不锈钢板、彩色涂层钢板和彩色压型钢板以及塑料复合钢板及轻钢龙骨等。铝合金广泛用于建筑工程结构和建筑装饰，如屋架、屋面板、幕墙、门窗框、活动式隔墙、顶棚、暖气片、阳台和楼梯扶手以及其他室内装修及建筑五金等。在现代建筑装饰方面，铜材集古朴和华贵于一身。

第三节　陈设设计

室内陈设设计的概念具有广泛的内涵,大到建筑的一些构件、小到家具上的一些摆设,都是室内陈设设计的范畴。我们这里所说的室内陈设设计主要指对室内空间所包含的家具、织物、陈设艺术品等进行的设计。室内陈设设计对室内设计的成功与否起着重要的作用,有着重要的意义。

室内陈设从使用角度上可分为功能性陈设(如灯具、织物和生活日用品等)和装饰性陈设(如艺术品、工艺品、纪念品、观赏性植物等)。

一、家具

中国传统家具的历史可以一直向上追溯到我们文化开始的源头。中国传统家具从新石器时代开始,经过三代到春秋战国以至先秦两汉、魏晋南北朝、隋唐五代和宋元,一直到明代发展到中国古典家具的顶峰。室内设计、装饰行业的不断发展,使家具设计与居室文化的关系越来越密切,也越来越引起行家们的重视。

欧式家具以其浓郁的风情、华丽的装饰、精美的造型,带给我们强烈的视觉享受。欧式家具的美丽不仅仅在于它华丽的外表,更重要的是它厚重的历史和经久不衰的传奇。而对于细节的精致处理,大概才是其魅力真正之所在。考究的材质,精湛的工艺,加上设计师独具匠心的设计,使得欧式家具向大家展现出特有的贵族气质。

家具设计在研发新产品时,必须考虑材料结构、加工工艺设备等物质技术条件,这是保证实现家具功能和造型的基础。为此,家具创新设计往往同时要对材料、结构工艺等进行开发研究。

二、绿化

(一)绿化设计的作用

根据新房装修以后的室内环境状况进行绿化布置,不仅仅针对单独的物品和空间的某一部分,而是对整个环境要素进行安排,可以将个别的、局部的装饰组织起来,以取得总体的美化效果。

绿化设计首先可以美化环境,改善人类生存空间的质量,创造人与自然、人与人之间的和谐是景观设计的最终目的也是最重要的作用;其次,绿化设计的另一个作用是给人类带来最大程度美的享受;最后,绿化设计让生活在喧闹城市中的人们亲近自然,走近自然。

(二)家庭和阳台的绿化布置形式

家庭和阳台的绿化布置一般有悬垂式、藤棚式、附壁式、花架式、花槽式等几种形式,在居住环境中培植、放置绿色植物给人以生命的气息和动态的美感,满足了人们渴望亲近大自然的需求。随着生活水平及文化素养的不断提高,人们对日常生活、室内工作环境的绿化要求越来越丰富。

图 2-2　室内绿化

图 2-3　室内绿化

图 2-4　阳台绿化

三、家居织物

　　家居织物主要包括窗帘、地毯、床单、台布、靠垫和挂毯等。这些织物不仅有实用功能,还具备艺术审美价值。织物的选择与布置要充分发挥其材料质感、色彩和纹理的表现力,增强室内艺术气氛,陶冶人的情操。

　　窗帘调节温度主要运用色彩的变化来实现,如冬天用暖色,夏天用冷色;朝阳的房间用冷色,朝阴的房间用暖色。制作窗帘的材料很多,如布、纱、竹、塑料等。窗帘的款式包括单幅式、双幅式、束带式、半帘式、横纵向百叶帘式等。地毯是室内铺设类装饰品,广泛用于室内装饰。地毯不仅视觉效果好,艺术美感强,还可以吸收噪声,创造安宁的室内气氛。此外,地毯还可使空间产生聚合感,使室内空间更加整体、紧凑。地毯分为纯毛地毯、混纺地毯、合成纤维地毯、塑料地毯和植物编织毯等。

　　室内装饰纺织品在品种结构、织纹图案和配色等各方面较其他纺织品有更突出的特点,也可以说是一种工艺美术品。根据国外和中国的实际情况可以将室内织物种类概括为巾、床、厨、帘、艺、毯、帕、线、袋、绒。

图 2-5　织物地毯

四、艺术品和工艺品

艺术品和工艺品是室内常用的装饰品。艺术品包括绘画、书法、雕塑和摄影等,有极强的艺术欣赏价值和审美价值。工艺品既有欣赏性,又有实用性。艺术品是室内珍贵的陈设品,艺术感染力强。在艺术品的选择上要注意与室内风格相协调,欧式古典风格室内应布置西方的绘画(油画、水彩画)和雕塑作品:中式古典风格室内应布置中国传统绘画和书法作品。中国画形式和题材多样,分工笔和写意两种画法,又有花鸟画、人物画和山水画三种表现形式。中国书法博大精深,分楷、草、篆、隶、行等书体。中国的书画必须要进行装裱,才能用于室内装饰。

图 2-6　茶具陈设

图 2-7　插花摆件

五、其他陈设

其他的陈设还有家电类陈设,如电视机、DVD 影碟机和音响设备等;音乐类陈设,如吉他、钢琴、古筝等;运动器材类陈设,如网球拍、羽毛球拍、滑板等。除此之外,各种书籍也可作室内陈设,既可阅读,又能使室内充满文雅书卷气息。

四、室内陈设设计与搭配的重点

室内陈设设计与搭配时应充分考虑陈设品的大小、比例、造型、色彩和材质与室内整体空间界面、家具的主次关系,在保证整体协调的前提下,使室内陈设品成为室内的"点睛之笔",增添室内空间的情趣。

室内的家具、织物、陈设艺术品的选择与设计,必须有整体观念,不能孤立地评价物品的优劣,关键在于看它能否与室内整体环境相协调一致。整体搭配得当,即使是粗布乱麻,也能使室内生辉。所以在选择和制作时,一定要用同一色彩的织物,造型上也一定要互相协调。

第四节　物理环境设计

室内物理环境的内容涉及光、声、隔热保暖以及通风等诸多领域,对其进行设计、改造,有利于创造一个审美价值高、生活质量好的室内环境。本节内容主要介绍室内物理环境设计,重点阐述室内照明设计的要求。

一、室内照明设计

室内照明是室内设计的重要组成部分。室内照明不但能解决实际生活所需要的亮度,而且能丰富室内空间,增强室内艺术效果,提高室内空间的品质。室内采光的光源按性质可分为自然光源和人工光源。合理地使用自然光源可以节省能源,也能达到很好的艺术效果。[①]

室内人工光源的获得主要是靠一系列灯具来实现的,现代室内设计中常用的灯具大致有热辐射光源和气体放电光源两大类型。热辐射光源主要以白炽灯为代表,气体放电光源主要包括荧光灯、高压放电灯等。白炽灯是人们较为常用的一种灯具,它以造价小、通用性强、彩色品种多的优点,博得设计者的青睐。荧光灯以其节约用电、品种较多的特性正占据着室内灯具的主导地位。随着科技的发展,灯具的类型和造型

---

① 詹学军.室内设计 [M] 合肥:合肥工业大学出版社,2014.

被设计得更为科学,也更方便于室内光线的设计。

（一）灯具的种类

1. 直接照明型灯具

光源直接照射到物体上,其特点是能满足室内环境的照明要求,醒目、强烈。常见的有投光灯、台灯、地灯、筒灯等。学校、办公室、商场、工厂等大多数公共场合需要较高亮度,大部分都使用直接照明灯具。

2. 半直接照明型灯具

其特点是向下的光线仍占优势,少量向上的光线使顶棚暗部得到改善。适合需要创造气氛和要求经济性的场合。如荧光吸顶灯,常在一些办公环境、学校、饭店等地方使用。

图 2-8　创意灯具

3. 半间接照明型灯具

其特点是向外光占很小的一部分,暗槽内部较亮,以创造气氛为主,如暗槽式反射灯。

4. 间接照明型灯具

其特点是全部光向上,通过墙面或顶棚反射出光线,如壁灯等。

5. 全漫射式照明型灯具

其特点是向上、向下的光大致相等,具有直接照明和间接照明特点,

房间反射率高,如带有半透明灯罩的吊灯等。

(二)照明方式

1.整体照明

它指使室内环境整体达到一定的照度,满足室内基本的使用要求。学校、办公室、商场、工厂等大多数公共场合需要布置整体照明。

图2-9 星海广场整体照明

图2-10 上海东方体育中心整体照明

2.局部照明

它指集中光源创造小环境空间意境,或提高局部工作区的照度,以利于工作。这种照明方式适用于住宅、娱乐业等场所。

图 2-11　酒柜局部照明

3.装饰照明

装饰照明的目的不在于满足照度的使用要求,而在于需要更多地考虑用光源的光色变化和灯具的排列组合达到美化和艺术照明的效果,通常展示某些物品用的射灯照明也归于此类。装饰照明常见于娱乐、商业和展示设计中。

4.特种照明

一般指用于指示、引导人流或注明房间功能、分区的。广告灯箱也常被认为是特种照明的一种。特种照明广泛应用于各类室内设计。[①]

(三)照明设计的原则

与室内设计的其他要素一样,室内设计中照明的运用也有其必须遵循的原则。

① 詹学军.室内设计 [M] 合肥:合肥工业大学出版社,2014.

室内照明的设计必须兼顾质与量两个方面的要求,所谓量即指要满足合适的光线照度要求和卫生要求,质则指光线对室内环境气氛的影响。合理的室内光线设计应是光线均匀、柔和而且视野开阔。要结合建筑物的使用要求、建筑空间尺度及结构形式等实际条件,对光的分布、光的明暗构图、装修的颜色和质量做出统一的规划。

（四）室内照明艺术

1.创造气氛

光的亮度和色彩是决定气氛的主要因素,光的刺激能影响人的情绪。降低光的亮度,可以使房间更亲切。而暖色系的灯光,可以使整个空间具有温暖、快乐、活跃的气氛。

2.增加空间的光影效果

利用可调光线,通过格片、格栅形成的光影投射在某个界面上形成类似图案的光影变幻效果,或利用光束将投影之物体映在背景面产生阴影效果,如将植物之阴影投射在物墙上。将物体置于视者与背景光面之间,背景是亮面,物体是暗面,可以加深视者对物体外形轮廓之印象,常用于室内雕塑的光影处理。

3.丰富室内空间内容

光线的本身具有很强的表现力,善于控制与把握光线的效果,可以取得一种奇妙的造型作用,丰富室内空间。光线造型艺术是视觉艺术中的一种新手法,它以光为主题或主体成像,较之实体成像的艺术更有一种虚幻的意境。光线造型艺术通过光线虚实强弱的变化而呈现出千变万化的造型,受到众多设计师的欢迎。

4.灯具本身的艺术魅力

灯具本身也是一种营造气氛的元素。贯通几层楼的水晶吊灯可以造成一泻千里的澎湃气势；小巧精致的石灯笼能将花枝摇曳的庭院幽境带入室内；雕花扎锦的宫灯可以为中式宴会增添喜庆气氛；造型简洁的现代台灯可以为书房一隅勾勒出属于自己的一块小天地；华丽的灯具不仅给空间增光添色,也能成为视觉的中心。

二、室内防噪、温度和通风设计

（一）室内设计中的防噪要求，处理方法

人的一生都暴露在声环境中，听觉环境既要满足音响方面的功能要求，又要与场所的外观相适应。凡是干扰人的活动（包括心理活动）的声音都是噪音。噪声对人的工作与生活有相当明显的影响，会对人的生理和心理产生一系列的不利影响。防范噪声是在室内设计中必须要考虑的内容。室内防噪的处理方法有很多，大致来说有以下几种。

1.利用吸声材料降低室内或室外噪音干扰

多孔吸声材料是普遍应用的吸声材料，其中包括各种纤维材料、玻璃棉、岩棉、矿棉等无机纤维以及棉、毛、麻、棕丝或木质纤维等有机纤维。

2.利用吸声结构降低室内或室外噪音干扰

吸声结构一般有两种。

一种是空腔共振吸声结构。其结构中间封闭，有一定体积的空腔，并通过一定深度的小孔和声场空间连通。各种穿孔板、狭缝板背后设空气层形成吸声结构，如穿孔石膏板、胶合板、金属板等。

另一种是薄膜、薄板共振吸声结构。它是利用皮革、塑料薄膜等材料与其背后封闭的空气层形成共振系统。大面积的抹灰吊顶天花板、架空木地板、薄金属板灯罩等对低频噪音有较大的吸收。

3.利用隔声结构降低室内或室外噪音干扰

人们常用双层墙、轻型墙等带有夹层或由吸声材料结构组成的墙体来隔声。在门、窗的隔声方面也可如上述操作。

（二）地方差异和室内隔热保暖要求以及室内通风

由于自然规律作用，室内环境温度一直在持续地变化。虽然人体自身具备自行调节以适应室内温度的功能，但对过高或过低温度的调整和适应，会使人们的身心承受一些负担，这些负担造成了生理的不舒适感。

当然,在实际生活中很难找到一个达到理想状态的环境。而且,还有一些因素会影响这个状态。我国幅员辽阔,南方和北方温度差异也很大,对保暖隔热的要求也不一样。但是由于空调的普及,人工调节供暖制冷的室内环境已是十分普遍,南北方地区的差别在缩小。

室外自然空气给人以清新、神怡之感。室内设计中,不能因装修影响窗户的开启和通风量,更不能将窗户封闭。各种不同装修材料的大量使用,很容易造成室内空气污染(特别是刚装修结束),通风可以很好地缓解装修初期带来的污染问题。许多化学涂料也在无形中散发着对人体有害的气体,一些家具黏合剂和家电都对室内环境有一定的污染。所以要求室内装修时尽量少用化学用品,并在施工结束后空置一段时间,加强通风,使有毒物质挥发完后再投入使用。

第三章

室内设计的风格与方法

　　室内设计的风格和流派,是室内设计发展和演变形成的客观现象,也是一定历史条件下文化发展的产物。室内设计的风格和流派往往和建筑以至家具的风格及流派发展相关,甚至与当时文化和艺术风格的演化有关,如室内设计中的"高技风格"是"高技派"建筑设计的延续,而建筑与室内设计中的"后现代"风格则体现了当代文化发展的一种思潮。可见,室内设计的风格除了具有材料、技术演变造成的风格特征外,也和其他的艺术和文化发展有着密切的关系。

第一节　室内设计的风格和流派

一、室内设计的风格

一种风格或流派一旦形成,便能对文化、艺术以及诸多的社会因素产生影响,这并不仅仅局限于作为一种艺术形式的表现和视觉上的感受。近几十年来,室内设计的风格在总体上呈现出多元化的趋势,出现了兼容并蓄的状况。一般认为,当代存在的室内设计的风格可分为以下几种。

(一)传统风格

传统风格的室内设计,讲的是采用传统装饰中经典的空间造型元素并吸取其形、神特征。如吸取我国传统木构架建筑室内的藻井天棚、挂落、雀替的装饰构件,明清家具的造型和款式特征。又如吸取西方传统风格中仿罗马风、哥特式、文艺复兴式、巴洛克、洛可可、古典主义等,其中如仿欧洲英国维多利亚或法国路易式的室内装潢和家具款式等。此外,还有日本传统风格、印度传统风格、伊斯兰传统风格、北非城堡风格等。传统风格空间环境传达了深厚的历史与文化内涵以及地域文脉,它使人在室内环境中充分体验到了传统经典文化的魅力。

(二)现代风格

现代风格通常也称为现代主义风格。它是工业社会的产物,起源于1919年包豪斯学派。现代风格提倡突破传统,创造革新,重视功能和空间组织,注重发挥结构构成本身的形式美,造型简洁,反对多余装饰,崇尚合理的构成工艺,尊重材料的特性,讲究材料自身的质地和色彩的配置效果,强调设计与工业生产的联系。

（三）自然主义风格

建筑与室内设计中的自然主义风格在很大程度中是受到了文学领域内的自然主义思潮的影响，它倡导文学"回归自然"，在美学上推崇自然，认为在当今高科技、高节奏的社会生活中，只有回归自然，才能使人取得生理和心理上的平衡。

（四）简约风格

简约风格起源于现代派的极简主义，简洁、拒绝烦琐、没有多余的造型，在满足功能的基础上做到最大程度的简洁，但又不简单，注重空间界面和装饰的构成形式，多以大方、大直、大面为基本处理手法，线条干净利落、铿锵有力。

（五）田园风格

田园风格是指在室内空间中具有"田园"元素，以田地和园圃特有的自然特征为基本形式，能够表现出带有一定程度乡村生活或乡村艺术特色，表现出自然、闲适的空间作品。多以小碎花壁纸、仿古砖、木质、铁花等为基本装饰元素。

（六）后现代风格

受到 20 世纪 60 年代兴起的波普艺术的影响，后现代风格是对现代主义风格中纯理性主义倾向的批判。后现代风格强调建筑及室内设计应当具有历史的延续性，但又不拘泥于传统的逻辑思维方式，提倡探索创新造型手法。后现代设计强调室内的复杂性和矛盾性，反对简单化、模式化，追求人情味，崇尚隐喻和象征手法的运用，提倡多元化和多样化，室内设计的造型特点趋向繁复，大胆地使用新的手法重新组合室内构件，大胆地运用图案和色彩，设计手法具有很大的自由度，室内的家具、陈设也往往具有象征意味。

（七）装饰艺术风格

"装饰艺术"（Art Deco）风格的起源可以追溯到 19 世纪末欧洲盛行一时的"新艺术运动"。与"新艺术风格"相比，它是一种更奢侈的风格。

"装饰艺术"风格以其瑰丽和新奇的"现代感"而著称。装饰派艺术风格的室内装饰的重点是强调各种新奇的材料，并极为讲究地运用这些材料。"装饰艺术"风格的设计特点是轮廓简单明朗，外表呈流线型或几何形；图案呈几何状或由具象形式演化而成；它趋于几何形，但又不强调对称，趋于直线又不囿于直线。与新古典主义风格有某种相似的是它所具有的规范性。

二、室内设计的流派

流派是指艺术主张或观点，在社会中受到关注，激起共鸣，引起追随而形成的意识潮流。流派虽无国界的划分，但它具有多层次、多方面的表征，如文学、美术、建筑设计、园林设计等。流派将带动潮流的发展，它若能在历史的考验中积淀下来，就可能成为经典风格样式。

（一）高技派

高技派或称重技派，突出当代工业技术成就，并在建筑形体和室内环境设计中加以炫耀，崇尚"机械美"，在室内暴露梁板、网架等钢结构构件以及风管、线缆等各种设备和管道，强调工艺技术与时代感。高技派典型的实例为法国巴黎蓬皮杜国家艺术与文化中心、香港中国银行等。

（二）超现实派

超现实派追求所谓超越现实的艺术效果，利用现代抽象绘画及雕塑，在室内布置中常采用异常的空间组织，曲面或具有流动弧形线型的界面，浓重的色彩，变幻莫测的光影，造型奇特的家具与设备，有时还以现代绘画或雕塑来烘托超现实的室内环境气氛。超现实派的室内环境较为适应具有视觉形象特殊要求的某些展示或娱乐的室内空间。

（三）白色派

白色派是指在室内设计中大量运用白色作为设计的基调色彩,故此得名。它以其造型简洁、色彩纯净、文雅的感觉,深受人们喜爱。在白色派的设计中,注重空间、光线的运用;强调白色在空间中的协调性以及精美陈设、现代艺术品的装饰组合;突出在白色空间中色彩的节奏变化和多样性的表现。白色不会限制人的思维,同时,又可调和、衬托或者对比鲜艳的色彩、装饰,使人增加乐观感或让人产生美的联想。

（四）国际式风格派

国际式风格派是伴随着现代建筑中的功能主义及其机器美学理论应运而生的,这个流派反对虚伪的装饰,强调形式服务于功能,追求室内空间开敞、内外通透,设计自由,不受承重墙限制,被称为流动的空间。室内的墙面、地面、天花板、家具、陈设乃至灯具、器皿等,均以简洁的造型、光洁的质地、精细的工艺为主要特征。

（五）极简主义派

它也译作简约主义或微模主义,是第二次世界大战之后所兴起的一个艺术派系,又可称为"Minim Alart",作为对抽象表现主义的反面而走向极致,以最原初物自身或形式展示于观者面前为表现方式,意图消弭作者借着作品对观者意识的压迫,极少化作品作为文本或符号形式出现时的暴力感,开放作品自身在艺术概念上的意象空间,让观者自主参与对作品的建构,最终成为作品在不特定限制下的作者。

（六）解构主义派

一个从 20 世纪 80 年代晚期开始的后现代建筑思潮。它的特点是把整体破碎化(解构)。主要想法是对外观的处理,通过非线性或非欧基米德几何的设计,来形成建筑元素之间关系的变形与移位,譬如楼层和墙壁,或者结构和外廊。

第二节　室内设计的程序与步骤

与一般建筑设计过程一样,室内设计也可分为方案设计、初步设计和施工图设计、施工与评价四个阶段。

一、方案设计阶段

室内设计项目开始之前,有很多要做的准备工作。

方案设计是整个设计工作的基础,因为这个阶段的成果就是设计完成后项目的基本面貌。具体说来,这个阶段工作重点是要与业主进行沟通(或者通过设计任务书),理解和掌握业主对设计的基本意向和打算,在此基础上,设计师提出自己的创意和想法,明确设计风格的倾向。在综合分析了各种设计的条件以后,确定整个设计的平面布置,完成各主要界面的设计,并绘制主要室内效果图和制作设计所选用材料的实样展板,并要附上设计说明和工程的造价概算。

首先主要是与委托方(甲方)进行详细的沟通,接受委托任务书,签订合同,或者根据标书文件要求参加投标,使设计方(乙方)明确使用要求、投资标准及对时间的要求。甲方提供的信息有时具体,有时抽象,有些想法可能不一定切合实际,或者存在经济、技术等缺陷。所以,最好是在项目实施之初决定设计的方向和表现形式,签订制约委托方(甲方)和设计方(乙方)的具有法律效应的文件,以委托方(甲方)为主,设计方(乙方)应以对项目负责的精神提出建设性意见供甲方参考。当前设计市场大多是以合同文本的附件形式——设计任务书来进行的,内容含:工程项目的地点,工程项目在建筑中的位置,工程项目的设计范围、内容及相应投资额度,不同功能空间的平面区域划分,艺术风格的发展方向,设计进度与图纸类型,设计进度安排,设计费用标准等等。

其次是项目设计内容的社会调研。如查阅收集相关项目的文献资料,了解有关的设计原则,掌握同类型空间的尺度关系、功能分区;调查同类室内空间的使用情况,找出功能上存在的主要问题;广泛浏览古今中外优秀的室内设计作品实录,如有条件应尽可能实地参观,从而分析他人的成败得失;测绘关键性部件的尺寸,细心揣摩相关的细节处理手法,积累设计创作的"词汇"。

（一）项目概念设计与专业协调

它就是运用图形思维的方式,对设计项目的环境、功能、材料、风格进行综合分析之后,所做的空间总体艺术形象构思设计,对设计的成败有着极大的影响。有了明确的设计概念后,对各专业的实施具有重要意义,如有矛盾,协调解决。例如设计概念与构造设备发生矛盾,结果有三种:构造设备为设计概念让路,放弃已有的设计概念另辟新路,在大原则不变的前提下双方作小的修改。

（二）确定方案与施工图设计

设计方要想让富有创意的超前概念付诸实施,是要付出相当的努力与代价的。设计师要利用图示语言,不受约束地表达出各功能、形式、技术、人文知识、历史知识、哲学概念等多种因素,以当时当地社会公众的一般审美情趣为主要依据,分析、考虑、展现设计空间的要求及其特性,施工图的制作必须严格遵循国家标准的制图规范进行。

（三）效果图沟通与完善

效果图是将设计过程中抽象构想转换为具体视觉形象的一种技术,便于甲方直观地了解设计师的思想是否达到预期的要求和希望。设计师要虚心接受甲方要求,完善效果图设计表现,尽量不在设计上留有遗憾。

（四）材料选择与深化设计

材料选择受到类型、价格、产地、厂商、质量等要素的制约,并受流行时尚的困扰。

对于设计方来说,材料是进行室内装饰最基本的要素,材料应该依据设计概念的界定进行选择,并不一定使用流行的或是昂贵的材料。材料的色彩、图案、质地是选材的重点,一定注意:室内设计注重实地选材,不迷信材料样板;注意天然材料在色彩与纹样上的差异,天然石材受矿源的影响,同一种材料在色彩与纹样上有着小小的差别;收集室内装饰材料实样版面,窗帘、地毯、室内纺织面料、墙地面砖及石材等可用实样,家具、灯具、设备等可用实物照片。有时也要根据材料供货情况对原有设计进行适当调整与深化。

（五）施工说明和造价概算

设计方案经审定后,接下来将进入施工说明、项目实施进度表和造价预算阶段,用语言、图表、数据等对图形设计进行补充。完善、解决技术、程序上的不明问题,有时能起到锦上添花的效果。

二、初步设计阶段

初步设计阶段主要是在听取各方面的意见后,对已基本决定的方案设计再进行调整,并对照相应的国家规范和技术要求进行深入优化设计,协调设计方案与结构、相关设备工种等的关系。同时,应该确定方案中的细部设计,如不同材料之间的衔接、收边、板材分格的大小等在方案阶段中未经深入考虑的细节问题,并要补齐在方案阶段未出的相关平面和立面等的图纸。

（一）方案草图设计

在设计概念的形成过程中,对于所要解决的具体问题还处于一个基本的估计阶段,当进入方案草图设计阶段,就要针对设计任务书上的具体要求进行设计。

在此阶段,应依照设计概念所定的基本方向对整个环境的平面、空间和立面等内容进行设计。设计是整体的效果,虽然是草图阶段,还是应对所选用的材料和色彩的搭配做出规划,甚至于有一些照明设计的内容。

因为照明设计与最终环境气氛的效果和人对形式的知觉有密切的关系。方案草图设计的成果要求:基本的平面设计和顶面设计,重要空间的小透视,主要立面图,分析图若干个以及文字说明等内容。

方案草图设计并非对设计概念不做调整。因为当进入具体设计阶段也会发现原先的设计概念存在不合理,甚至于不可能实现的问题,随着工作的展开,觉得有更好概念应取代原有的想法,这时,应对原有的设计概念做出及时的调整和修改,以免影响下一步工作计划的实行。

（二）方案的深化

设计思考的整体性在整个方案阶段应是一直强调的问题,也就是说平面、立面、家具、照明、陈设等因素都是相互关联的整体。在设计草图阶段,不可能都考虑得非常周到,但它们都已被纳入设计的整体思维之中,到了方案的深化阶段,就必须将已经思考过的这些因素用具体的图纸或电脑模拟的效果予以表现出来,这样能较直观地检查设计效果。

深化设计的阶段也是一个方案不断完善的过程。在这个过程中,要对平面的铺地进行设计,因为铺地是一种空间限定和引导人流活动的元素。同时还应对顶面进行深入设计,顶面也是空间限定和形式表现的重要元素,顶面上的灯、风口、喷淋等设备不仅有使用上的具体要求,其形式和位置也有一个美观问题,特别是灯具的形式和布置的方式对设计形式影响较大。设计的深化不仅是将设计做得细致和全面,还应从设计的某个侧面来思考元素之间的相互关系。《建筑的复杂性与矛盾性》中罗伯特·文丘里认为,"一个建筑要素可以视作形式和结构、纹理和材料。这些来回摇摆的关系,复杂而矛盾,是建筑手段所特有的不定和对立的源泉"。现在较盛行的旧厂房、仓库改建,砖墙和型钢是形式中的重要表现元素。这些改建而成的画廊、酒吧、艺术家工作室逐渐凝聚起的人气,使得这些材料成为先锋设计的象征,所以从设计元素的整合效果和多重角色来思考设计,也应是设计深化的重要方面。在注重整体效果的前提下,在设计草图的基础上完善立面设计、色彩设计,完成家具的设计或者选型、绿化设计和陈设配置等工作。这个阶段的工作原则应是"宜细不宜粗"。因为只有这样,才能体现"以人为本"的设计精髓。

三种常用形态研究的方法是:徒手作图、模型制作和电脑三维模型。在设计概念形成的阶段,徒手作图是经常被采用的方法。因为徒手作图方便,便于交流和思考,有利于激发设计师的灵感。虽然有时草图由于多次的修改显现出模棱两可的感觉,但这种感觉有时也常给设计师以一种新的启示。在方案的草图阶段,采用设计方法也常以徒手作图为主,并可结合模型制作。这里讲的模型主要是指用于空间形态研究的纸板、木片等材料制作而成的草模型。即使徒手透视画或者计算机三维模型,都是从某个角度或一个角度接一个角度去审视设计,而往往不佳的视觉角度会被忽略,这也就会掩盖设计可能存在的问题。而真实的模型就不同了。它可在短时间内进行多方位的比较研究,也易引导空间思维的深化。从表面上看,制作真实模型得花去一定的时间。但从笔者的教学结果上来看,设计的效率反而提高了。所以徒手作图和草模型制作分析的方法对于方案草图设计的推敲是较适宜的。

当方案设计进入深化设计阶段和制作完成阶段,推敲和确定设计形态可主要采用计算机制图的方式,因为当前计算机的技术已相当发达,它不仅修改方便,定位精确,而且可调用大量的图块,使得设计人员从大量的重复劳动中解脱出来。有的设计软件如 Skechup、3DSMax 能较真实地模拟三维效果,有助于设计师对设计的效果做出及时的判断。若要对方案的色彩设计进行比较,计算机的优势则更易体现出来。只要对模型材料库中相应的材料样本设置加以修改,另一种色彩或材质组合的设计效果在短时间内即可自动生成,这对于方案的调整和优化是非常方便的,当然,在此阶段计算机也不能完全代替徒手,因为计算机只能协助作图,原始的创意还得依靠设计者本人,而徒手作图激发人的形象思维是计算机技术无法取代的。所以,在设计深化阶段,徒手作图方法仍有用武之地。

(三)方案的完成制作

方案的完成制作阶段,在课程设计中,也称作"上板"。它主要是依据设计任务书具体的图纸要求,完成正图的绘制,通常的方案设计图纸内容主要包括平面图、顶面图、立面图(或剖面图)、室内透视图、室内装饰材料实物样板、设计说明和工程概算等内容。

对于图纸的大小和形式。一般采用 A1 的展板为主,或者 A3 的文本形式。平时课程设计以展板的形式为主,这样便于教学之间的展示和交流。毕业设计是展板与文本相结合,文本主要是为了方便评阅人士审阅。

三、施工图设计阶段

施工图的深度和质量是影响最后设计效果的重要因素之一。此阶段的室内设计主要设计文件包括:详细的设计说明,施工说明,各类设计图表,施工设计图纸和工程预算报告等。施工设计图纸除了包括标注详尽的平面图、立面图和剖立面图以外,还应包括构造详图、局部大样图、家具设计图纸等内容。另外,还须提供设计最终的材料样板。

对于一些规模较小的工程,为了缩短设计周期,往往由方案阶段直接进入施工图设计阶段,将初步设计需进行的深化调整工作与施工图设计阶段的工作一并进行,但在具体的工作步骤上,这种工作内容的区分还是存在的。

四、施工与评价阶段

设计方案施工图等绘制完成之后,应选定具体实施的施工企业。施工前,设计方应向施工单位进行设计意图说明及图纸的技术交底。工程施工期间,按图核对施工实况,现场体验构造、尺度、色彩、图案等问题,提出对图纸的局部修改或补充(由设计单位出具修改通知书)。施工结束时,会同质检、建设单位进行工程验收并交代有关日常维护的注意事项。

施工监理是项目实施过程中必不可少的。通常由专门监理单位承担工程监理的任务,对装饰施工进行全面的监督与管理,以确保设计意图的实施,使项目施工按期、保质、保量、高效协调地进行。作为设计方或设计师无论监理情况如何,都要做到尽量亲临现场,与施工方、监理方、建设方始终保持良好的沟通与协调。室内设计的工程施工完成,室内设计项目实施过程并没有结束。其效果好坏还要经过使用后的评价才能确定。要通过专门的验收、评定,才能找到优点与不足之处,才能更好地总结经验,改进设计,提高设计水平。

第三节 室内设计的方法

一、设计概念的形成

设计概念反映着设计者独有的设计理念和思维素质,它是对设计的具体要求、可行性等因素的综合分析和归纳后的思维总结。室内设计的设计概念涉及方案实施条件的分析、设计方案的目的意图、平面处理的分析、空间形态的分析和形式风格的基本倾向等内容。

二、设计图纸的具体要求

（一）主要的设计图纸

方案阶段主要的设计图纸包括平面图、立面图、顶面图、剖立面图和透视表现画等。

（二）主要设计图纸绘制的深度要求

方案阶段的平面图应能完整表现所设计空间的平面布置全貌。图纸应包括的主要内容有建筑平面的结构和隔断、门扇、家具布置、陈设布置、灯具、绿化、地坪铺装设计等，并应注明建筑轴线和主要尺寸，标注地坪的标高，用文字说明不同的功能区域和主要的装修材料。标注清楚立面和剖面的索引符号。常用比例为 1：100、1：50。

与其他设计图纸相比较，室内透视表现画以透视三维的形式来表达设计内容，它是将比例尺度、空间关系、材料色彩、家具陈设、绿化等设计要素、设计师所欲创造的形式风格给综合地反映出来。它符合一般人看对象的视觉习惯，正因为如此，在实际的工程方案设计中，它常作为与业主交流和汇报方案的手段。在方案设计的进展过程中，室内透视表现画也是方案效果研究的方法之一。

室内表现画的常用表达手段有两种：一是手绘形式，二是电脑绘图形式。手绘形式的特点是生动和易产生个性化，电脑表现形式的特点是精确细腻，能产生逼真的效果，方便进行角度的调整，也易进行各种复合的效果操作。

设计要有深度，但这个深度要通过表现画的形式正确地反映出来，这个深度除了是设计所包含的信息外，绘画本身塑造形象的方法对于表现画深度的表现也是举足轻重的。在手绘表现方面常用的形式，一是以线条表现为主，二是以明暗方法为主。对于以线条为主要造型手段的形式应注重线条本身的特点、线条疏密关系的主观控制。以明暗为主的表现形式，则将重点放在整个画面明暗构成关系的处理上，注重界面由于受到不同的光照所形成的横向或纵向的明暗渐变，有时对于一些重点的界面，这种渐变可略作夸张表现，使整个画面效果更趋生动。在电脑表现方面，首先应该明确电脑是人为控制的。要想在电脑表现方面取得令人满意的效果,也要有较强的手绘功底。有了扎实的美术基础,才能能动地运用软件去控制画面效果。具体地讲,对于追求逼真效果的电脑表现画,亦可采用手绘明暗控制画面效果的方法,在设置灯光和调整参数时,有意识形成整体画面的明暗变化,并结合后期制作,再对画面进行二次调整,以形成生动的明暗和色彩效果。

无论是采用手绘的形式,还是电脑绘图的方式,画面效果形成的关键之处还是设计者采用怎样的理念去控制。若对艺术的视觉心理没有深刻认识,手绘的方法同样会产生呆板的效果,若能充分展开形式联想,不局限于三维软件本身所固有的那几种效果,运用图像复合的形式,电脑表现画同样能使人耳目一新。

室内透视表现画是整套设计图纸的重点,它从一个侧面反映了设计者的审美倾向,是整个设计表达环节中最易产生视觉冲击的一部分。从课程设计这一角度来看,它也是学生设计能力的佐证。

一套设计的图纸除了上述主要内容外,另外还包括文字说明、反映设计意向的分析图和图像照片资料等内容。为了使这些内容有一个整体形象,就得对这些内容在图纸上的位置进行安排并对版面进行设计。图纸版面的设计目的是突出此设计的设计内容和设计特点。

为了使呈现的内容更具条理性,在进行最后制作前,须对图纸的版面、图纸内容的构图、图面色调、字体的选用等内容进行一番精心的设计。图纸版面是整个设计的"包装",它对于学生完善视觉设计经验,从整体上提高设计能力,也是一个有效的训练途径。

三、场地分析

通过现场实景照片,设计师呈现出设计场所的实际景象:建筑朝向、窗外视野、相邻建筑物、树木植物等周围景观情况,了解建筑空间的大小、高度、形态、结构与门窗洞口状况,分析当地气候、日照采光、风向、供热、通风、空调系统及水电等服务设施状况,探明建筑物本身的形式、风格等客观因素。

(一)业主或使用者分析

室内空间是人们的庇护所,不但使人们免受伤害,还帮助人们身心健康成长。在室内空间设计中,有许多业主或使用者只知道自己想要

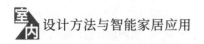

什么风格,但并不一定清楚如何设计才可以减少成本,达到预想效果。所以,设计师要帮助业主或使用者分析各个环节的构成方式,以少的材料、人力、资金、时间来实现最大价值。

（二）资料收集

资料的占有率对完善的设计调研起到关键作用。大量搜索资料,了解熟悉与设计项目有关的设计规范和标准,归纳整理发现问题,进而加以设计分析和资料补充,查找相似空间的设计方式,发现设计团体自身存在的问题、优劣状况,通过资料分析寻求解决实际问题的方法,这样的反复过程会使设计从模糊到清晰。

（三）风格定位

室内设计是建筑设计的延续和深化,因此室内设计与建筑设计具有不可分割的联系。室内设计风格往往会在很大程度上与建筑设计的风格一致,在表现形式和表现手法上也有许多相近之处。当然,在居住空间设计中,也有不以建筑设计风格为根据,而是直接同业主或使用者深入沟通来明确设计风格的情况。风格并非存在于真空之中,而是体现在特定历史时期的文化、政治、经济、思想观念、技术、材料的方方面面。

（四）设计草图

通过前期调研、资料收集等阶段,方案构思会朦胧浮现于脑海中,再瞬间即逝。此时需要一种手段快速捕捉,草图是实现这种目的的最有效的手段,可将抽象思维有效地转换成可视图形,记录这暂不确定的想法,包括功能分析图,根据计划和其他调研资料制作信息图表,如矩阵图、气泡图,探索各种要素的关系,使复杂的关系条理化。

平面功能布局的草图作业以构思为主要内容。平面功能分析是根据人的行为特征,在建筑内部空间进行的,研究交通与实用之间的关系,涉及位置、形体、距离、尺度等时空要素。

解决重点空间设计中的功能问题,包括平面功能分区、交通流向、家具位置、陈设装饰、设备安装。绘制草图,反复比较,协调矛盾,求得最佳配置。

（五）方案确立与制图阶段

设计概念确立后的方案图以标准为主要内容，一方面它是设计概念思维的进一步深化，另一方面它将设计空间构思展示在设计委托者面前。

平立面图要绘制精确，符合国家制图规范，表现内容包括家具和陈设在内的所有内容，甚至要表现材质和色彩。平立面图常用的比例1：50、1：100，立面图比例为 1：20、1：50，透视图要能够忠实再现室内空间的真实景况。

完整的方案图作业应该包括平立面图、空间效果透视图以及相应的材料样板图（实样、照片）和简要的设计说明。

四、室内设计法则

"法则"，在我们日常生活中的各个方面，在各行各业各个领域，都以各种方式存在，它往往是人们对于某些在一定范围内反映一定客观规律的规则的总结或归纳，是一些需要遵循和可以信赖的规则。

（一）室内空间的体量与尺度

在整个空间构图中，设计师要把握空间体量与尺度的关系，使之达到均衡，并营造空间的氛围。"体量"，指建筑物在空间上的体积，包括建筑的长度、宽度、高度。

一般的建筑，在处理室内空间的尺度时，按照功能的性质，合理地确定空间的高度具有特别重要的意义。

（二）室内空间的形态与比例

建筑设计中对空间的设计是决定整个室内空间形态的最基本的因素。不同的平面布置、各种立面的处理，都直接对室内空间的形态产生影响。不同的平面和立面的处理，不同的空间形状，往往会使人对室内空间产生不同的感受。在选择空间形状时，必须把使用功能要求和精神感受要求统一起来考虑，使之既适用，又能按照一定的艺术意图给人以某种感受。一般来说，室内空间的形态在建筑设计时已经基本确定，而室内设计师则往往通过某些技术或艺术的手段来改善或改变室内空间

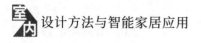

的形态与比例。

（三）室内空间的对比与变化

两个毗邻的室内空间,如果在某一方面呈现出明显的差异,这种差异的对比,可以反衬出各自的特点,从而使人们从一个空间进入另一个空间时在心理上产生突变和快感。

（四）室内空间的韵律与节奏

两个空间如果以简单化的方法直接连通,会使人感到单薄或突然,致使人们从前一个空间走进后一个空间时,印象十分淡薄。倘若在两个大空间之间插进一个过渡性的空间(如过厅),它就能够像音乐中的休止符或语言文字中的标点符号一样,使之段落分明并具有抑扬顿挫的节奏感。

第四节　室内设计中的个性

对于设计个性的追求,能使室内环境呈现出丰富多样的风格和形式。同时,它也是人们崇尚新事物本能的具体表现。个性,即事物的个别特性。对于室内设计来说,个性是设计师依据设计的条件和目的,结合自我的设计理念,创造性地运用空间、界面、家具、色彩、材料等设计语言,形成有别于其他设计的设计效果。

一、室内设计中个性的来源

设计师的艺术观和对室内设计的基本认识对设计个性的形成具有关键作用。人的根本需求是在不断变化着的,新颖的形式能引起视觉的愉悦。一个室内设计师,只有具备了创造的个性,才能使设计表现出个性倾向。

二、室内设计个性的表现

室内设计个性的表现与多种设计因素和方法相关,其中比较具有代表性的因素和方法包括:空间形态,特殊的造型细部设计,化解设计矛盾的处理方式,色彩设计,光环境设计,材料的使用和设计符号的隐喻、象征作用。

(一)个性与空间形态

对于空间设计而言,符合实际使用上的要求应是基本的第一要求。当功能得到满足以后,用几何特征明显的形态去包容空间,往往能使整体的设计个性化效果显著。

室内空间和平面布置主要分成两大块。右侧为主要营业区,左侧是办公区,右侧的营业区设计成隧道状,并用橘红色强调这个非同寻常的形态。为了显现它的与众不同,设计师精心地将此形态略微向右倾斜一点。弧形立面上,用背面透光的方式陈列着旅行目的地的介绍,它与正立面的半透光墙一道形成设计的"透气孔"。显而易见,简洁的形态成为设计最具个性化的部分。

在荷兰建筑师雷姆·库哈斯设计的葡萄牙波尔图(Porto)的波尔图音乐厅(casa da música)中,建筑外形上的斜面和切角自然而然地将内部空间塑造成非规则的形态,室内设计的其他元素则是顺势而为,一切表达的主题和特点就是空间形态的本身。

(二)个性与特殊的造型细部设计

除了要使空间满足使用上的要求外,设计师还得对室内的立面、家具、灯具和陈设等元素进行具体的设计。对于这些元素富有创意的设计和形式上的处理,同样也能构成整个设计个性的主导因素。

销售 CD 的商店设计立面和陈列架的设计均是呈扭动状的曲线密集排列。这些弧形的组织形态与展示陈列巧妙地结合在一起,同时还能引发人们对音乐旋律的节奏和流畅乐曲的联想。在整个设计中,这些立面和家具无疑是整个设计个性的主角。

（三）个性与设计中的特别处理

室内设计是有条件的,它不是完全依照室内设计师的主观设想,有时设计师为了满足使用上的要求,需要对布局进行仔细的盘算;对于有些制约条件,还要依靠设计师大胆的创意。这些反映了设计师的智慧和价值,同样也表现了设计本身的个性和特点。

让·努维尔设计的卢塞思(Lucerne)旅馆半地下空间的公共餐厅部分也表现了其化"障碍"为"个性"的才智。将半地下空间用作公共餐厅一般是不适宜的,但在空间条件有限制的情况下,采用适当的方法同样能取得良好的效果。在此设计中,虽然将酒吧的地坪抬高1.2米,以使地下餐厅有了一丝可以享受自然光的间隙,但可以想象,那么一种高窗效果,对于用餐者来说,环境还是非常不够理想。让·努维尔将酒吧的沿街部分后退且前倾,再将餐厅的外墙内侧中部也处理成朝上倾斜,在这个斜面安装了两面成一定角度的镜面玻璃。这样,室外的景色通过两次反射进入了用餐者的眼帘,仿佛使下沉的空间"浮"出地面,压抑、封闭的感觉被大大削弱了。还应指出,街景的反射是通过相互成一定夹角的镜面反射的,这样,产生的图形有了变形和拼贴效果,形成了抽象的组合效果,增强了设计的趣味,而这也恰恰构成了这个设计个性的重要方面。

（四）个性与色彩设计

评判任何造型艺术,色彩的表达都是一个重要方面。因为通过色彩的色调和色彩的象征性能使人感受特别的环境氛围,同时,色彩也是人们认识把握事物的线索。另外一个方面,色彩也有一个形态,它的形态和其依附的形体有时分,有时合。通过色彩能将两个不同的元素在视觉上整合为一个整体:通过色彩也能在一个元素上分离出多个小元素。色彩的这种把形态分离和整合的视觉心理感觉会极大地改变人对形态元素原来归属的判断,从而使形态元素在视觉心理进行重构组合,这种重构的效果往往就是设计个性的所在。

（五）个性与光环境设计

个性的建立仅仅依赖于色彩本身还是不够的，因为对色彩的感知是靠光线的照射。光的强烈、色温以及灯具的类型会对观察和感受色彩的效果产生重大影响。所以，色彩设计一定要结合光环境设计综合考虑。同时，室内照明本身也能促使设计个性形成。因为灯光的色温是构成空间色调的主导因素之一，这是其一。其二，通过光源不同的安装方式和光源的选择可以改变设计元素的"图与底"的关系和"主次"关系。通常，人们所熟知的槽灯在室内环境中常常起到间接照明的作用，对于槽灯所处界面的形体来说，还会形成新的"图底"关系。其三，聚光灯的照射对象和那些自发光的界面元素易形成环境中的视觉高潮，改变并主导了设计元素之间的秩序关系，也对设计个性产生影响。

（六）个性与设计符号

余秋雨先生在《艺术创造学》中认为："艺术符号既要抽象而通用，又要常换常新，使欣赏者永远保持审美愉悦。"室内设计的符号就是一种艺术符号，符号创造的"常换常新"，就要求设计师将符号的创造和运用与具体的环境和当代人的审美倾向相结合，"笔墨当随时代"。这样才能使设计既表现出对经典文化的继承，同时又具个性色彩。

设计符号是多样的。因为凡是已被人们认可的具有一定意义的东西都可能作为设计符号被运用到环境设计中。当然，有时设计符号需经过"变形"使对象"陌生化"，才能使符号散发出真正的魅力，促使人对符号展开联想，从而体验真正的环境意义。

奥地利建筑与室内设计师汉斯·霍莱因（H·Hollein）设计的奥地利旅行社代理机构，运用了大量变形的符号，如露出中央不锈钢材料的半截柱子，金灿灿的棕榈树，悬挂于服务台上的呈雕塑状的织物，印度亭子，飞翔状的超比例飞鸟图和船舷栏杆等等。这些符号元素既调动了顾客好奇的兴趣，又传递了这个环境的服务内容，让人回味无穷，浮想联翩。设计由符号形成的个性也是十分鲜明的，环境的意义和气氛是设计效果的重要内容，从这点来看，设计也是个性符号运用和创造的过程。对于具体设计来说，对于每一个具有符号意义的设计元素都应深思熟虑。因为它建构了环境的意义，也造就了设计的个性。

　　设计的个性是多种因素的综合反映,如何处理这些因素的关系,设计师要把握一个度。只有明确了设计的主要矛盾、主要倾向,才能整合好这些因素,使设计的个性真正得到彰显。

第四章

室内设计的表现工具与技法

　　当我们有了一个初步的设计概念的时候,就可以绘制草图了。概念草图是设计师对设计概念的一种探讨性的表达,它是在创作意念的驱动下,将各种复杂的设计条件和关系抽象、提炼成相关的设计语汇,并形成可供讨论和交流的视觉图像的一种徒手画形式。

　　在实际的设计中,概念草图的形式是多种多样的:可以是以严格的尺度和比例绘制的平面功能分析图,也可以是局部设计构造的剖面图、节点图,还可以是借助透视技法绘制的比较直观的空间环境立体的表现图,甚至可以是以图像、符号、线条或文字组成的图解思考。因此,根据不同的表现形式和表现内容,就会用到各式各样的设计工具。

　　手绘工具的可选择范围非常广泛,在实用设计中的表现技法也十分丰富。每种工具材料都有其不同的性能与特点,根据手绘表现的内容与形式的不同在选择材料上有一定的区别,只有在熟悉了它们的基础上,才能更好地选择这些工具材料和技法。

第一节　室内设计的表现工具

一、纸张

常用的纸张品种较多,不同的纸张会有不同的视觉效果。在此主要列举适合于快速表现技法所使用的纸张品种。

(一)硫酸纸

硫酸纸(图4-1)为半透明状态,通常是用于复制、制版或晒图,硫酸纸吸水性较弱、质地光滑,适合用油性马克笔或彩色铅笔,一般不能用含水多的工具来作画,因为硫酸纸遇到大量的水时会变皱。在手绘学习过程中,硫酸纸是作"拓图"练习最理想的纸张。

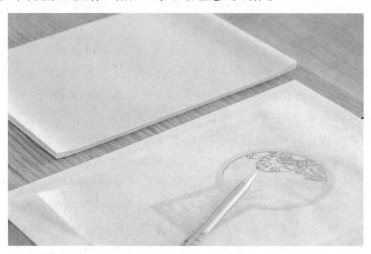

图4-1　硫酸纸

(二)素描纸

素描纸(图4-2)一般比较厚,而且有比较粗糙的纹理,方便用橡皮反复擦除修改,一般在手绘用铅笔的"素描"阶段多选用素描纸。

图 4-2　素描纸

（三）复印纸

复印纸（图 4-3）是手绘表现训练中最常用的纸张，其中最常用的是 A4 和 A3 大小的普通复印纸。这种纸的质地适合铅笔和绘图笔等大多数画具，价格又比较便宜，最适合在练习阶段使用。

图 4-3　复印纸

（四）水彩纸

水彩纸（图4-4）是水彩绘画的专用纸,粗糙的质地具备了良好的吸水性能,所以它不仅适合水彩表现,也同样适合黑白渲染、透明水色表现,以及马克笔表现。

图4-4 水彩纸

（五）有色纸

有色纸（图4-5）是指带有颜色的纸张。用于绘制效果图的有色纸,以有色水彩纸、有色卡纸居多,因其特点色彩选择较为多样,可根据不同的设计表现选择不同底色的纸张,所以在素描绘画、速写及快速表现技法中广泛采用。

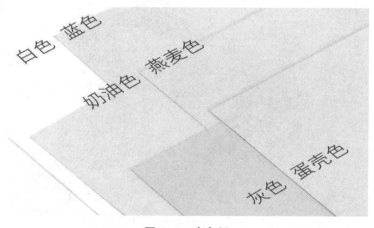

图4-5 有色纸

另外还有一种纸张,不属于有色纸,但是也带有颜色,我们称为牛皮纸。这种纸张较为厚实耐用,同时能很好地与黑、白色调搭配产生独特的视觉效果,因此在技法训练中也可使用。

二、笔

(一)普通绘图铅笔

普通铅笔的型号从 6H—8B(图 4-6),其中 6H 最硬、8B 最软,HB型为中性。B 数越多,笔芯越粗、越软,颜色越深;H 数越多,笔芯越细、越硬,颜色越浅。

铅笔一般用来打底稿或者定位透视线。一般来说,如果用作打底稿,应选择稍硬一点的铅笔,如 HB、B 都可,这样比较容易修改。如果使用铅笔表现的黑白设计稿,则可根据表现需要来选择相应的铅笔硬度。

图 4-6　绘图铅笔

(二)彩色铅笔

彩色铅笔(图 4-7)在手绘表现中起了很重要的作用,无论是对概念方案、草图还是成品效果图,都具有很强的表现力。彩色铅笔是属于实用性、操作性较强的工具,因携带方便、色彩丰富多样、笔触清新、易于掌握、便于修改且与多种技法表现都可搭配的特点而备受设计师的喜爱。

彩铅的品种很多,一般有 6 色、12 色、24 色、36 色、72 色。在市面上一般分为两种,一种为不溶性彩色铅笔,另一种为可溶性彩色铅笔。大多数的设计师都会选择水溶性彩铅,因其特性可根据设计者的需求而变化,可结合水的渲染,使画面呈现出水彩一样通透的视觉效果,并且画面色彩鲜艳亮丽,便于上色。同时,彩色铅笔不宜在光滑的纸张上作画,一般在水彩纸或表面纹理的纸张上作画较好。

图 4-7　彩色铅笔

(三)签字笔

签字笔(图 4-8)是指比较正式的签字惯用的笔,以前用钢笔,现在钢笔逐渐由中性笔代替了,所以把这样的笔都统称为"签字笔"。签字笔根据出墨的粗细也分为不同的型号,在手绘中根据主次关系会选择不同粗细来画,按粗细来划分签字笔的常用型号有 0.18、0.5、0.8、1.0。

图 4-8　签字笔

签字笔是专业的绘图笔,其描绘的线条粗细变化可表现出不同的物体材质及光感效果,并可以表现不同的结构转折和画面重点,使画面灵活而富于变化,同时便于携带,因此较受设计师的欢迎。很多的设计师在勾画草图或打透视底稿时会使用绘画钢笔。

（四）针管笔

针管笔（图 4-9）分为油性和水性两种。按型号来分,有 0.1、0.3、0.5、0.7 和 0.2、0.4、0.6、0.8 两组。一般来说,油性的针管笔大多属于一次性的,其特点是线条干得较快;水性针管笔使用时间较长,其特点是线条绘制粗细均匀且较有弹性,但是在绘制时应掌握好绘制方法,避免笔墨未干而污染画面。

（五）马克笔

马克笔（也称"麦克笔"）（图 4-10）是目前快速表现技法中使用率最高的一种工具。在市面上,马克笔的种类主要有水溶性马克笔、油性马克笔和酒精性马克笔。油性马克笔色彩饱和、耐水、耐干性较好,而且笔触干得较快,不会影响绘制速度,色彩叠加多次也不会伤纸;水溶性马克笔的特点则是含水分较为充足,绘制效果可像水彩一样色彩通透且色彩亮丽,但不宜反复在纸上摩擦,会对纸面有损伤,所以把握的难度相对较大。

选择好马克笔对于画出好的手绘作品非常关键,首选色相要求是红、橙、黄、绿、蓝、紫的色系要齐全,然后是在颜色的深浅选择上要注意,各色系的浅色、中明度色是必备的,另外黑、白、灰三个颜色也常使用。

无论哪种马克笔,都有单头和双头之分,同时笔头较宽,笔尖可画细线,斜画可画粗线,类似美工笔用法,通过线、面结合可达到理想的绘画效果。

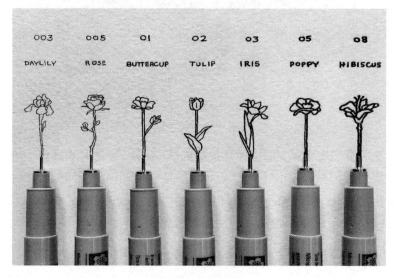

图 4-9 针管笔

图 4-10 马克笔

三、其他辅助工具

除以上表现工具外,直尺、铅笔、橡皮、丁字尺、三角板、美工刀、透明胶、修正液等也是手绘的常用工具。另外还会用到专用刮刀、圆规、裁剪刀、曲线板、比例尺等工具。(图 4-11)

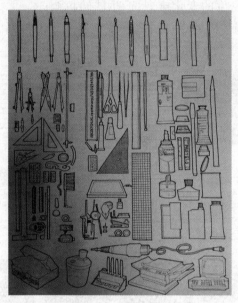

图 4-11　辅助工具

第二节　室内设计的表现技法

一、钢笔表现技法

钢笔画是运用钢笔绘制的单色画。钢笔画工具简单,携带方便,所绘制的线条流畅、生动,富有节奏感和韵律感。钢笔画通过钢笔线条自身的变化和巧妙组合达到作画的目的。作画时,要求提炼、概括出物体的典型特征,生动、灵活地再现物体。针管笔同钢笔的表现技法类似。

（一）基础技法

（1）利用物体在光照下的明暗变化规律，有效地塑造形体。

（2）通过线条的疏密排列或不同方向的排列，产生有变化的明暗色调。

（3）通过点密度的变化排列，产生明暗色调。

（4）通过粗细、长短、曲直、疏密等钢笔线条的排列、组合，体现不同的质感。（图4-12）

图4-12　钢笔线条技法

（二）注意事项

钢笔画重要的造型语言是线条和笔触。运用点、线、面的结合，简洁明了地表现对象，适当加以抽象、变形、夸张，使画面更具有装饰性和艺术性。

在绘制时,绘制的画幅不宜过大,否则难以表现。选择的纸张以光滑、厚实、不渗水的为好,一般绘图纸、白卡纸即可。钢笔画线条具有生命力,下笔尽量一气呵成,不做过多修改,以保持线条的连贯性,使笔触更富有神采。(图4-13)

图4-13 钢笔效果图

二、彩色铅笔表现手法

彩色铅笔在作画时,使用方法同普通素描铅笔一样,易于掌握,可利用色彩叠加,产生丰富的色彩变化,具有较强的艺术表现力和感染力。为了增加材质的质感,可以用彩色铅笔画出一些肌理,在画材质细节时,彩色铅笔可粗可细,可用线、面、点等各种方法增加画面的表现力,使细节更为丰富。

(一)表现形式

1.与墨线结合

在针管笔或钢笔墨线稿的基础上,直接用彩色铅笔上色,着色的规律为由浅渐深,用笔要有变化。(图4-14)

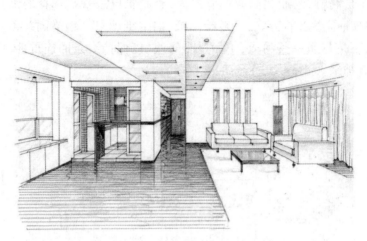

图 4-14 彩铅与墨线结合效果图

2. 与马克笔结合

运用马克笔铺设画面大色调,再用彩铅叠彩法深入刻画。(图 4-15)

图 4-15 彩铅与马克笔结合效果图

3. 与水彩结合

与以水为溶剂的颜料相结合,利用它的覆盖特性,在已绘制好的底色上对要表现的内容进行更加深入、细致的刻画,体现色彩退晕效果。(图 4-16)

图 4-16 彩铅与水彩结合效果图

（二）基础技法

1. 平涂排线法

运用彩色铅笔均匀排列出铅笔线条，达到色彩一致的效果，有横排、竖排、斜排。（图 4-17）

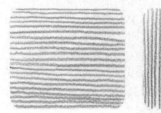

图 4-17 平涂排线法

2. 叠彩法

彩色铅笔的魅力其实在于叠色，很多颜色在现有的颜料里找不到，需要两种或者两种以上的颜色进行调和。运用彩色铅笔排列出不同色彩的铅笔线条，色彩可重叠使用，变化较丰富。（图 4-18）

3. 水溶退晕法

利用水溶性彩铅溶于水的特点，将彩铅线条与水融合，达到退晕的

效果。（图4-19）

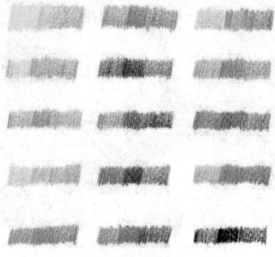

图4-18　叠色法

图4-19　水溶退晕法

（三）注意事项

（1）彩色铅笔不宜大面积单色使用，否则画面会显得呆板、平淡。

（2）彩色铅笔色彩不够紧密，因此不宜画得过于浓重，也不宜画深，所以在上色之前可以先用深色画出大的明暗关系,然后上色,这样可以画出比较结实和对比强烈的效果来。

（3）彩色铅笔有其特有的笔触,用笔轻快,线条感强,可徒手绘制,也有靠尺排线。绘制时注重虚实关系的处理和线条美感的体现。

三、马克笔表现技法

马克笔绘画是在钢笔线条技法的基础上,进一步研究线条的组合、线条与色彩配置规律的绘画。马克笔的运笔技巧是下笔、收笔要迅速,停留时间过长会出现宽于笔头的渗点,图画中渗点过多容易乱、脏,并且同一色号反复出现不应超过两次。在着色技巧上,常见的着色方法有Z字法、扫笔法、角铁法、点缀法。

（一）表现形式

1.与墨线结合

在针管笔墨线稿的基础上,直接用马克笔上色,由于马克笔绘出的色彩不便于修改,着色过程中需要注意着色的规律,一般是先着浅色,后着深色。（图4-20）

图 4-20 马克笔与墨线结合效果图

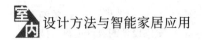

2. 与其他色彩工具结合

将其他色彩工具结合使用。比如马克笔与彩色铅笔结合,与水彩结合。马克笔与彩色铅笔结合,可以将彩铅的细致着色与马克笔的粗犷笔风相结合,增强画面的立体效果。

(二)基础技法

(1)并置法,运用马克笔并列排出线条。(图 4-21)

图 4-21　并置法

(2)重叠法,运用马克笔组合同类色色彩,排出线条。(图 4-22)

图 4-22　重叠法

(3)叠彩法,运用马克笔组合不同的色彩,达到色彩变化,排出线条。(图 4-23)

图4-23　叠彩法

(三)注意事项

　　马克笔色彩较为透明,通过笔触间的叠加可产生丰富的色彩变化,但不宜重复过多,否则将产生"脏""灰"等缺点。着色顺序先浅后深,力求简便,用笔帅气,力度较大,笔触明显,线条刚直,讲究留白,注重用笔的次序性,切忌用笔琐碎、凌乱。

第三节　室内设计的效果图

一、方案设计与透视

　　室内设计制图通常是按比例绘制,用于记录室内环境的,有平面图、顶面图、立面图、剖面图、详图等。它们是通过物体在一个假想平面,就是通常所说的在投影面上做投影绘制,这些叫正投影图。这种物体的尺度的直接投影使正投影图能真实反映物体的形状及比例,这样画出的图准确、规范、严谨。但正投影图绘制的只是物体的一个视觉片段,要完整地反映出物体的客观形状与形态,要有三视图的表达,即正视图、俯视图、侧视图。因为正投影图不具连续性,它们只能是一个完整系统中的相互依存的各部分。它们的这种特性也决定了正投影图只能以面的形式出现,而缺少透视图所具有的三维直观性。室内环境描绘的这些正投影图制图是传递室内构造的信息。

（一）方案设计图

1. 平面图

室内平面图是假设经过门窗洞口将房屋沿水平方向剖切,去掉上面部分后而画出的水平投影图。建筑被切开,这样就可从上面往下看,墙、门和窗的位置等重要的信息就可见,并可按一定比例绘制成平面图。(图4-24)

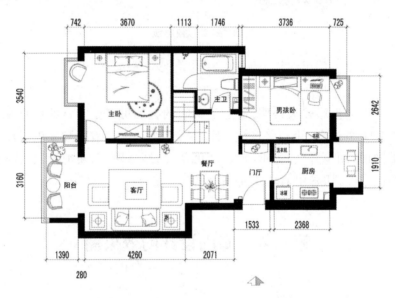

图 4-24 平面设计效果图

它反映的内容主要有以下几方面:一是房间的平面结构形式、平面形状及长宽尺寸;二是门窗的位置、开启方向及墙柱的断面形状,以及它们的尺寸;三是室内家具、设施(如电器、卫生间设备等)、织物、摆设、绿化、地面铺设等的平面具体位置;四是上述各部分的尺寸、图示符号、房间名称及附加文字说明(各部位所用面材名称、规格、色彩)。它们通常需用四种形式来加以表达:

粗实线——平面中被剖切的主要结构部分(墙、柱断面等)轮廓线。

中实线——墙的踢脚和隔墙、墙柱、窗台、家具等。

细实线——引出线、尺寸标注线。

虚线——吊起的家具设施、门窗开启方向指示线等所有不可见的轮廓线。

2. 顶面图

顶面图,传达顶面设计的样式、材料、装饰、设备的位置及顶面的高度。顶面投影平面图的绘制是通过置于地面的一面巨大的镜子,反射出顶面的元素而取得的,即假想室内像。(图4-25)

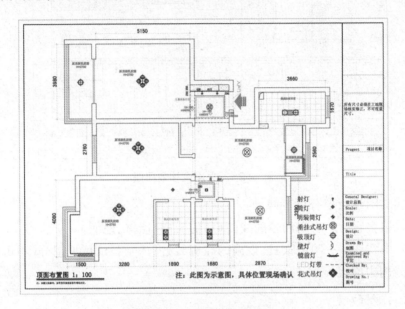

图4-25 顶面设计效果图

顶面图一般要表明顶面所用材料、划分情况以及制作方法,还有照明灯具、空调风口、烟感器、音响等设备的位置、种类、形式和详细尺寸等。其图线也分四种:

粗实线——顶面中被剖切的主要结构部分(墙、柱断面等)轮廓线。

中实线——吊顶造型等。

细实线——灯具符号、引出线、尺寸标注线。

虚线——暗藏灯槽等所有不可见的轮廓线。

3. 立面图

立面图是对建筑物室内某个方向进行剖切后所得到的正投影图。

立面图一般应画出对墙面的装饰样式要求,墙面上附加物,如壁柜、壁灯、壁龛、装饰画、门窗以及靠墙的家具等;立面图四周的轮廓(剖切的顶面、墙体、地面),墙面上凸出的线、装饰柱、装饰图形、家具等;上述各部分的详细尺寸、图示符号和附加文字说明。(图 4-26)

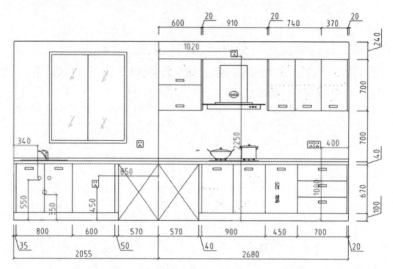

图 4-26　立面设计效果图

其图线主要分以下两种:

粗实线——房间和轮廓线(剖切的天棚、墙体、地面)。

中实线——图示家具、设施的轮廓线,嵌入项目的可见部分(不可见部分用中虚线)。

4. 剖面图

建筑的剖面图是经由一个垂直平面对建筑的切割,并移去一部分而得到的视图。剖面图与室内立面图不同,室内立面图仅表现室内存在的物体,而剖面图除此之外,还表现出建筑内部构造与材料、竖向形状和大小、上下左右空间的相对关系以及可见的实物等。

剖面图要求用各种不同宽度的线条表达同元素的深度以及与空间的关系。用粗线条表示被切割而以闭合的轮廓线的形式展现给观者的具有代表性的元素,而后退的内容以及细部则可用稍细一些的线条绘制。结构剖面图要求包含技术信息,如构造与材料、施工与做法等。通常,剖面图中所标出的剖切面的符号要与平面图取得联系。

5. 详图

详图是对平、立面图中不能详细说明的内部组合结构或细节样式,通过剖视位置及所视方向的选择,再放大比例而深入绘制的一类图,具

有能进一步补充和传达设计信息的作用。（图 4-27）

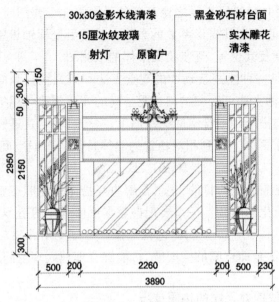

30x30金影木线清漆　　黑金砂石材台面
15厘冰纹玻璃　　实木雕花清漆
射灯　原窗户

图 4-27　细节效果图

　　它的内容主要涉及吊顶、门套、家具等的内部结构组合、材料的运用、具体尺寸的标识以及线脚等装饰物具体样式的描绘。其所绘内容及图线需依据平、立面图中索引符号所标识的具体位置与方向而定，剖切到的主体结构用粗实线，可见部分用细实线。一般可根据图纸空间的实际情况与其他视图画在一起或单独成页，比例也应视所要表现内容的实际大小等具体情况而定。

　　（二）轴测图与透视图

　　用平行投影法将空间形体和确定其位置的空间直角坐标系投影到投影面上得到的图形称为轴测图。轴测图是画法几何的一项内容。它用单独一个投影表达空间形体，立体感强。在用平行投影法获得轴测图时，坐标轴与投影面间的夹角不同，坐标轴在投影面上的投影长度与其自身长度之比，即轴向变形系数也不同。轴测图按平行投影法的投影方向是否垂直于投影面而分为"正轴测图"和"斜轴测图"，还可按三坐标轴的变形系数全部相等、两个相等和都不相等分为等轴测图、二等轴测图和三等轴测图。通常根据空间形体的形状和结构特点，选用合适的轴测图。

轴测图的作图主要运用平行投影法的两个性质：平行两直线的投影仍平行；两并行线段长度之比等于其投影之比。作图时，先画出三坐标轴的投影，并确定其变形系数的数值。然后沿坐标轴投影的方向测量各线段的长度及其位置，逐步绘出形体的轴测图。

"透视"是一种绘画活动中的观察方法和研究视觉画面空间的专业术语，通过这种方法可以归纳出视觉空间的变化规律。用笔准确地将三维空间的景物描绘到二维空间的平面上，这个过程就是透视过程。用这种方法可以在平面上得到相对稳定的立体特征的画面空间，这就是"透视图"。

室内透视图透视的目的，主要是解决好物体视觉形态变化与画面空间层次之间转化的问题。一是要把握基本形体变化的造型能力，能够准确快速表现形体在不同空间的透视规律。二是要培养灵活运用透视规律，创造性组织画面空间的构图能力，能够合理地表现空间层次关系。

二、室内快速效果图的构图技巧

视平线高度以 1000mm 为好，适合表现家居空间，让空间更高、更宽阔，视点太低会显得空间过高，容易让人产生错觉。在家居空间中，应以家居等为视觉中心，顶面要表现简单些。

视平线高度以 700mm 或更低，适合表现公共空间，让空间显得更高、更宽阔。

在绘制透视图中，为让效果图画面均衡饱满，通常会采用墙线、植物或装饰品为空间。

三、室内快速效果图实例绘制

（一）家具、陈设品表现

1.家具表现

在绘制家具和陈设品时，要考虑光影关系与物体的色彩和材质。沙发组合上色分析过程：

（1）分析形体结构及主要受光方向。（图 4-28）

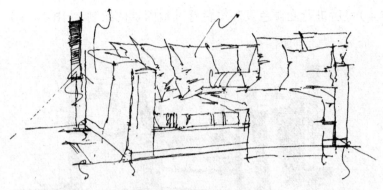

图 4-28　沙发组合上色过程（1）

（2）分析物体素描关系。将物体的亮面、灰面和暗面分析清楚。（图 4-29）

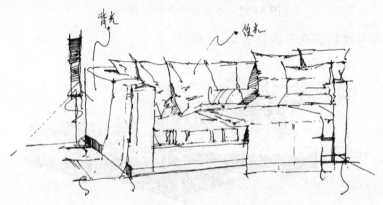

图 4-29　沙发组合上色过程（2）

（3）依据步骤（2）分析的素描关系，用不同色阶的同色系马克笔绘制其素描关系。在这一阶段实质就是绘制有颜色的素描。以图 4-30 为例，亮、灰、暗三个色阶分别进行绘制。

图 4-30　沙发组合上色过程（3）

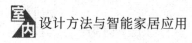

（4）最后进行光源色及环境色等其他因素的绘制。（图 4-31）

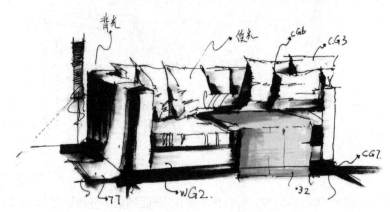

图 4-31　沙发组合上色过程（4）

家具效果表现图例如图 4-32 所示。

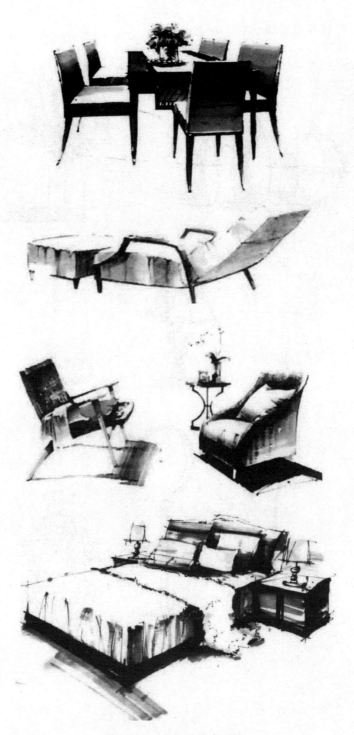

图 4-32　家具效果表现图

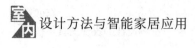

2. 陈设品表现图例（图 4-33）

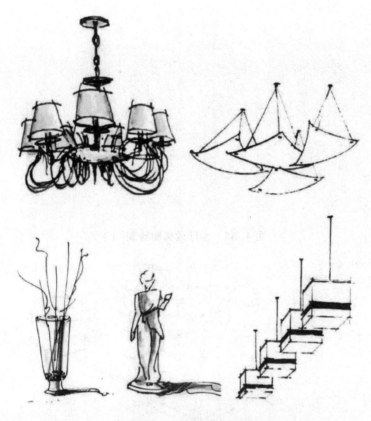

图 4-33　陈设品表现图

（二）客厅效果图绘制

（1）先确定画幅大小、透视图类型（一点透视还是两点透视）、视点及视平线。然后依据透视关系，绘制出墙面和主要家具透视图，可用单线简单勾勒出家具的大小、形态，家具与家具之间的位置关系等。最后，再检查一下透视绘制是否准确，因是快速手绘表现，所以有少许误差是可以的。（图 4-34）

（2）确定好透视及基本轮廓后，可开始上针管笔墨线稿。在用线时，线条可根据形体适当交叉，并应注意轻重缓急及虚实表现。（图 4-35）

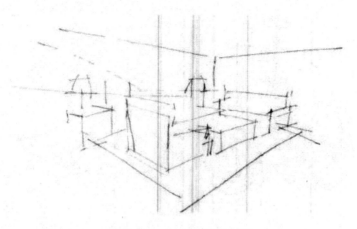

图 4-34　客厅效果图绘制(1)

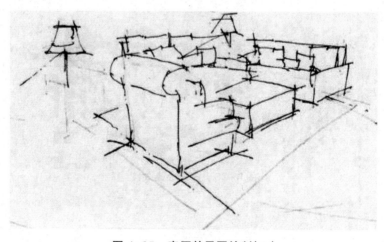

图 4-35　客厅效果图绘制(2)

　　(3)基本形体绘制完成后,可针对物体进行明暗表现,这一步主要是分析画面中的素描关系,包括光源来源及物体明暗关系。(图 4-36)

　　(4)对物体及空间深入刻画。在这一部分,可将物体的材质进行深入表现,并将物体之间的前后关系通过线条的排列加以区分,让画面的进深感加强。(图 4-37)

　　(5)表现暗部及固有色。这一步可从画面的视觉中心点开始表现,在用笔时,一般从暗部开始,并应注意画面的留白,不要平铺,这样才能透出光影效果。(图 4-38)

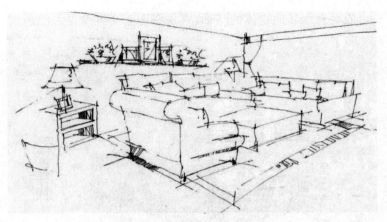

图 4-36　客厅效果图绘制（3）

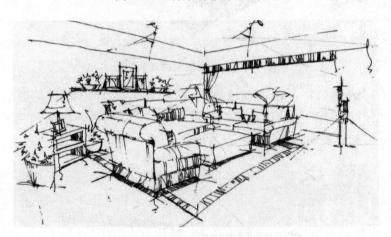

图 4-37　客厅效果图绘制（4）

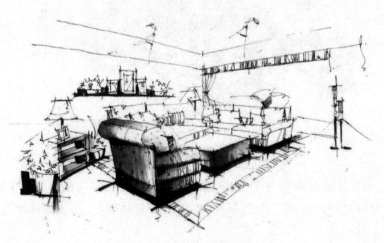

图 4-38　客厅效果图绘制（5）

（6）依次表现其他物体的暗部,并加深明暗交界及投影的色度。（图4-39）

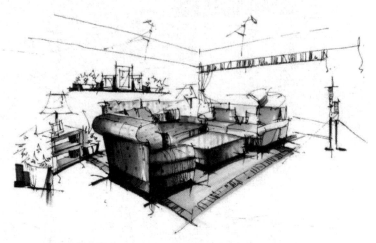

图 4-39　客厅效果图绘制（6）

（7）表现植物。在表现植物时,应注意植物的明暗,用笔要快、轻松,并依据植物的生长进行笔触表现。一般采用两种色度的马克笔,亮部留白,灰部表现固有色,暗部用深色。（图 4-40）

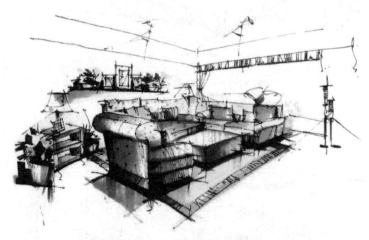

图 4-40　客厅效果图绘制（7）

（8）对画面的整体效果补充完善,注意掌握好室内地面、墙面、织物、窗帘之间的关系。在刻画时,要突出画面的重点,其他物体可简单处理。（图 4-41）

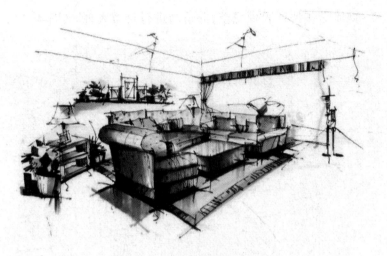

图 4-41　客厅效果图绘制（8）

（三）餐厅效果图

（1）绘制物体基本轮廓，注意透视关系，比例要求准确，线条流畅。
（图 4-42）

图 4-42　餐厅效果图绘制（1）

（2）物体形体特征表现完整，并适当进行材质表现。（图 4-43）

图 4-43　餐厅效果图绘制（2）

（3）深入刻画物体，将物体的暗部及光影表现完善、充分。（图 4-44）

图 4-44　餐厅效果图绘制（3）

（4）先将椅子固有色的明暗关系表现出来。注意下笔要快，笔触要明显，并留出椅子的亮部。（图 4-45）

图 4-45　餐厅效果图绘制（4）

（5）将餐桌的固有色明暗表现出来,注意受光面与背光面的表现,因桌面是玻璃材质,所以在表现的时候应刻画出物体的倒影。(图 4-46)

图 4-46　餐厅效果图绘制（5）

（6）画出柜子及灯饰、陈设的固有色,在物体转折地方或形体与形体交界地方颜色要表现的重一点,注意用笔要快,笔触可适当变化。(图4-47）

图 4-47　餐厅效果图绘制（6）

（7）将窗饰及植物表现出来，注意调整好画面的整体性。（图 4-48）

图 4-48　餐厅效果图绘制（7）

（四）卧室效果图

（1）定好基本透视关系，透视表现熟练后，可直接用针管笔上稿，并保证透视准确。（图 4-49）

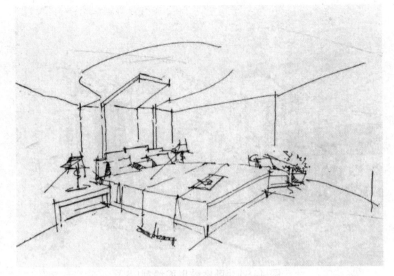

图 4-49　卧室效果图绘制（1）

（2）基本轮廓确定之后，可进行物体完整表现，为体现空间层次感，可适当进行明暗表现。（图 4-50）

图 4-50　卧室效果图绘制（2）

（3）深入刻画，对物体的材质、光影、投影进行深入刻画。（图 4-51）

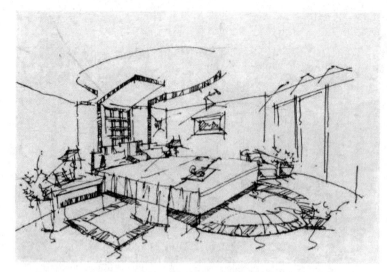

图 4-51　卧室效果图绘制(3)

（4）表现墙面、地毯、床饰、枕头的固有色,先画暗部。（图 4-52）

图 4-52　卧室效果图绘制(4)

（5）加入灯光、植物、床的色调表现,要注意整体的光影,层次先轻后重。（图 4-53）

图 4-53 卧室效果图绘制（5）

（6）加入地面、顶面表现,地面线条密的地方颜色表现重一些,注意色彩及笔触要有变化。顶面应由里向外表现,色调也依次由深到浅,笔触也越向外越明显。最后在整体调整,注意色调要统一。（图 4-54）

图 4-54 卧室效果图绘制（6）

第五章

不同类型的室内空间设计

现代室内设计是综合的室内环境设计，它包括视觉环境和工程技术方面的问题，也包括声、光、热等物理环境以及氛围、意境等心理环境和文化内涵等内容。不同的室内格局、使用目的，需要不同的室内设计方法，本章就将研究不同空间的室内设计方法。

第一节　居住空间设计

一、住宅空间设计程序

住宅空间设计的程序是指完成住宅空间设计项目所需的步骤、流程和方法。

（一）设计准备

设计准备阶段的主要工作有以下几点。

（1）与业主进行广泛而深入地沟通，明确住宅空间设计的任务和要求。

（2）到住宅现场了解室内建筑构造情况，测量室内空间尺寸，并完成住宅空间的初步平面布置方案。

（3）制定室内设计项目所需的材料和价格，制定预算。

（4）与业主商议并确定设计费用，签订设计合同，收取设计定金。

（二）方案初步设计

方案初步设计阶段的主要工作有以下两点。

（1）收集和整理与本住宅空间设计项目有关的资料与信息，优化平面布置方案，构思整体设计方案，并绘制方案草图。

（2）优化方案草图，制作设计文件。设计文件主要包括设计说明书、设计意向图、平面布局图、设计构思草图和主要空间的效果图。

（三）方案深化设计

确定好初步方案后，绘制更加详细的方案图，包括立面图、剖面图、大样图等等。

（四）项目实施

在这一阶段设计师应该与施工人员进行广泛的沟通和交流，定期视察工程现场,及时解答现场施工人员所遇到的问题,并进行合理的设计调整和修改,确保在合同规定的期限内高质量地完成项目。

(五)设计回访

在项目施工完成后,设计师应该继续跟踪服务以核实自己设计方案取得的实际效果,回访的形式可以是面谈或电话回访。一般在项目完工后的半年、一年和两年三个时间段对项目进行检查。

二、安全和无障碍设计

为特殊人群进行设计、能源的节约与再利用以及安全设计是一个设计师义不容辞的责任和义务。在住宅设计中首先要注意到无障碍设计的重要性,关心残疾人、老人、孩子和妇女的生活需要。

(一)楼梯

对家庭中的老人和孩子来说,楼梯和台阶都是一个障碍,所以,在设计中要避免设计台阶和楼梯,如果避免不了,可以将台阶改为坡道,或者将台阶做成两至三级。

(二)卫生间与浴室

在选择卫生间和浴室设备时要考虑其安全因素,如浴室设备的样式、宽度、高度以及安放的位置都要考虑是否方便坐轮椅的人使用。在墙壁和门口安装安全抓杆,方便残疾人、老人或是儿童支撑移动身体。卫生间可以安置警报器,用以在特殊时刻呼救。

(三)厨房

橱柜操作台的高度需根据残疾人的身体情况而定,对于坐轮椅的残疾人来说,橱柜操作台的高度应该较一般台面低 50—100mm,以方便其洗菜、切菜和烹饪。此外,厨房开关插座的高度也应根据残疾人的实际情况而定。

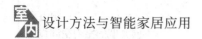
三、房间设计

（一）客厅设计

客厅是全家人文化娱乐和接待客人的场所,是家居中主要的起居空间,也是住户集中活动、出入频率最高的地方。不同的室内格局需要不同的客厅设计形式,独立或者与其他的区域相连。客厅一般以电视为中心,配以沙发、茶几等家具。

图 5-1　客厅

图 5-2　客厅

图 5-3　客厅

（二）餐厅设计

　　餐厅不仅仅是一个吃饭的场所,很多家庭会把餐厅设计成一个既能用餐也能供家人、朋友聚会的地方。现代的餐厅设计有不同的设计模式,如开放式餐厅,独立餐厅。

图 5-4　餐厅

图 5-5　餐厅

（三）厨房设计

厨房是做菜、清理、储存食物和厨具的空间,考虑布局主要是如何摆放炉灶、冰箱和洗涤盆,还需要有流畅、合理的动线设计。厨房的布局通常围绕三个工作中心分成三个区域:冰箱与储存区域、洗涤区域、烹饪区域。三个区域通常会形成一个"工作三角形"。

图 5-6　厨房

图 5-7　卧室

（四）卧室设计

选择大小合适的床摆放在卧室里至关重要，床按规格一般分单人床和双人床，床的长度一般为 2000mm，高度为 430mm，单人床宽度为 800—1200mm，双人床的宽度为 1500—2000mm。

图 5-8　卧室

（五）卫生间设计

卫生间的装饰设计不应影响卫生间的采光和通风效果，电线和电器设备的选用和设置应符合电器安全规程的规定，尤其要注意防水。地面与墙面最好采用防水、耐脏、防滑的瓷砖。顶部可以选用铝扣板、铝塑板和桑拿板等。

如果卫生间包含了沐浴、洗漱与便池各个区域，可用活动隔断（如玻璃推拉门、浴帘）分隔，防止水花四溅，使地面湿滑，形成安全隐患。卫生间的地面应略向排水口倾斜，以利于排水。浴缸或是沐浴间后面的墙上应安放毛巾架。

图 5-9　卫生间

第二节　办公空间设计

一、办公空间设计原则

（一）功能性原则

满足实用要求，给办公人员的工作带来方便是办公室的主要功能。

在进行平面布局设计时应充分考虑家具及设备占有的尺寸、员工使用家具及设备时必要的活动范围尺度、各类办公组合方式所需的尺寸等。

（二）舒适性原则

一般来说尊重员工的个性需求，创造像家一样的办公环境，会让员工在工作时感觉到舒适。恰当的空间尺度、合适的比例、简洁开放的装饰风格会使办公环境更加舒适。只有舒适的环境才能让员工更富有创造力和活力，从而提高工作效率。

（三）环保性原则

节能、环保、低碳是人们越来越关注的话题，作为室内设计师更有责任将健康、自然、绿色、生态等理念融入设计中。

二、办公室设计样式

办公室的空间布局形式可分单间式办公室、单元式办公室、开放式办公室、半开放式办公室等几种形式。

图 5-10　办公室

（一）单间式办公室

单间式办公室指由隔墙或是隔断所围合的独立办公空间，这是办公室中比较传统的一种形式，一般办公室面积较小，空间相对封闭，办公环境具有较高的私密性，部门之间干扰相对较少。但由于办公空间的封闭，使之与其他办公组联系不便，缺少现代办公室应该具有的那种高节奏、高效率、开朗和大方的气氛。

图 5-11　单间式办公室

（二）单元式办公室

单元式办公室是指由接待空间、办公空间、专用卫生间以及服务空间等组成的相对独立的办公空间形式。其室内空间一般包括接待、洽谈、办公、会议、卫生、茶水、复印、贮存、设备等不同功能区域，独立的小型办公建筑无论是建筑外观还是室内空间都可以运用设计形式充分体现公司的形象。

（三）开放式办公室

开放式办公室是灵活隔断或无隔断的大空间办公空间形式。这一类办公室面积较大，能同时容纳若干成员共同办公。有较高的灵活性和利用度,各工作单元及办公组联系密切,利于统一管理。同时办公设施及设备较为完善,交通面积较少,员工工作效率高。但这种办公室存在相互干扰的问题。

图 5-12　会议室

图 5-13　办公室

（四）半开放式办公室

　　半开放式办公室是指由开放式办公室和单间办公室组合而成的办公空间形式。半开放式办公室的办公位置一般也按照工作流程布局。这种办公室相对减少了员工工作存在相互干扰的问题,私密性较开放式办公室相对来说好一些。

图 5-14　办公室

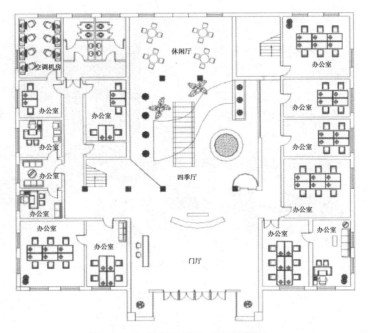

图 5-15　半开放式办公室平面图

第三节　餐饮空间设计

一、餐饮空间的类型

餐饮空间是餐厅、宴会厅、咖啡厅、酒吧及厨房的总称。餐饮空间是食品生产经营行业通过即时加工制作、展示销售等手段,向消费者提供食品和服务的消费场所。

（一）中餐厅

中餐厅是供应中餐的场所。根据菜系的不同,中餐厅可分为鲁、川、苏、粤、浙、闽、湘、徽八大菜系及各地方菜系餐馆,有的餐馆还推出了各种创意菜或创新菜系。一家代表了传统文化的中餐厅,只有注入了更多的中式文化元素,空间才会有更多的生命力。

图 5-16　中餐厅包间

（二）西餐厅

西餐是对西方餐饮的统称。因为烹饪形式、用餐形式和服务形式的不同,西餐厅的设计与中餐厅大不相同,如西餐中著名的法国菜不仅美味可口,而且菜肴的种类很多,烹调方法也有独到之处。法国人除了对食物讲究色香味外,还特别追求进餐时的情调,比如精美的餐具、幽幽的烛光、典雅的环境。因此可以利用烛光、钢琴和艺术品来营造格调高雅的室内氛围。

图 5-17　西餐厅

（三）咖啡馆

咖啡馆主要是为客人提供咖啡、茶水、饮料的休闲和交际场所。最早的咖啡馆称为"Kaveh Kanes",今天的咖啡馆成了大家娱乐、休闲工作、放松的地方。因此,在设计咖啡馆时要创造舒适、轻松的氛围。

（四）酒吧

酒吧是提供含有酒精或不含酒精的饮品及小吃的场所。酒吧是一个具有娱乐作用的空间。

（五）快餐厅

快餐最早出现于西方,英文为 Quickmeal 或 Fastfood,即预先做好的能够迅速提供给顾客食用的饭食。快餐厅的主打卖点就是快速的食物,可以适应现代生活的快速节奏。用餐者一般没有足够的时间品尝美食,所以快餐厅只要简单、干净即可。

图 5-18　咖啡馆

图 5-19　酒吧

图 5-20　快餐店

二、餐饮空间设计

(一)入口区

入口区的设计应让顾客觉得舒适、放松和愉悦,因此在照明、隔音、通风和风格等各方面都要做细致考虑。使用玻璃门可以让顾客清楚地看到餐饮店内景色,激发顾客的就餐欲望。入口内侧应设有迎宾员接待、引导等服务的活动空间,如果餐饮店空间足够大还可以单独设置休息区域、等候区域和观赏区域。

(二)收银区

收银区主要是结账收银,同时也可兼为衣帽寄存处,因此一般设置在餐饮店的入口处。服务收银台是收银区不可少的配套设施,它可以体现餐饮店的企业形象,给顾客走进和离开餐厅时留下深刻的印象。

(三)候餐区

候餐区是顾客等候就餐和餐后休息的区域,中大型餐饮店就可以考虑设置候餐区。根据经营规模和服务档次的不同,候餐区的设计处理有较大区别。经营规模和服务档次较低的餐饮场所,可以在入口处简易地布置一些沙发、座椅、茶几供顾客休息等候,不单独设置候餐区。

（四）就餐区

就餐区是餐厅空间的主要部分,它是体现用餐过程的重要场所。就餐区包括座位、服务台和备餐台等主要家具,其常见的座位布置形式有散座、卡座或雅座和包间三种形式。就餐区的布局要考虑动线的设计、座位和家具的摆放、人体工程学尺寸的运用、环境氛围的营造等诸多内容,如顾客的活动动线和服务员服务动线要避免交叉设计,以免发生碰撞。

图 5-21　餐厅效果图

三、餐饮空间设计原则

（一）突出地方特色

中华饮食文化博大精深,有许多具有特色和魅力的地方菜肴和企业文化,使人津津乐道。餐厅的风格是为了满足某种民族或地方特色菜而专门设计的室内装饰风格,目的主要是使人们在品尝菜肴时,对当地民族

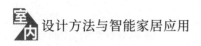

特色、建筑文化、生活习俗等有所了解,并可亲自感受其文化的精神所在。

（二）彰显文化内涵

餐饮文化是一个广泛的概念,人们吃什么,怎么吃,吃的目的,吃的效果,吃的观念,吃的情趣,吃的礼仪都属于餐饮文化范畴,它贯穿于企业经营和饮食活动的各个环节之中。因此要根据各区实际情况,巧妙地对文化宝库进行开发,体现其特殊的文化内涵。

（三）利用科技手段

运用高科技手段,营造新奇刺激的用餐环境,融餐饮娱乐为一体。如为满足年轻人猎奇和追求刺激的欲望设计出带有科技色彩的用餐环境,如"科幻餐厅""太空餐厅"等。

四、餐饮空间界面设计

室内空间环境是由水平界面(天花、地面)和垂直界面(墙面)围合而成。各界面的大小、形状、颜色、材料直接影响着室内空间的感觉。

（一）顶面设计

顶面设计可根据地面功能区域的划分,进行呼应。要注意造型的形式美感,对空间能够起到延伸和扩大的作用,注意遮掩梁柱、管线,隔热、隔音等作用,力求简洁、完整,并和整体空间环境协调统一。
顶面装饰手法讲究均衡、对比、融合等设计原则,吊顶的艺术特点主要体现在色彩的变化、造型的形式、材料的质地、图案的安排等。

（二）立面设计

立面设计是室内空间界面的垂直面,和人的视距较近。立面设计的好坏直接影响着整个室内空间的氛围。因此,在设计时应注意从整体性、艺术性、功能性方面多考虑。
立面设计包括墙面设计、隔断、屏风设计、梁柱设计等等。墙面设计要注意空间的功能性和物理性。物理性包括满足隔音、防水、保暖、防潮等要求。

（三）地面设计

地面划分形式要注意大小、方向，由于视觉心理作用，地面分块大时，室内空间显小，反之室内空间就显大。一块正方形地面，如将其作横向划分，则横向变宽，反之则显横向变窄。一般说，地面的装饰应和整个餐厅的装饰协调统一，以取长补短，衬托气氛，即地面既要和房间的顶棚、墙面协调配合，也要和室内家具陈设等起到互相衬托的作用。

较大空间的地面，常用图案设计来体现空间的华贵。因此，地面图案的设计又成了整体设计的一个亮点。在设计地面图案时要注意：强调图案本身的独立性、完整性；强调图案的连续性、韵律感，具有一定的导向性；强调图案的抽象性，色彩、质地灵活选择。

地面色彩设计要素：按照色彩心理学来讲，浅色的地面将增强室内空间的照度，而深色的地面会将大部分的光线吸收。暖浅色的地面能给人振奋的感觉，给人带来安全感。浅冷色的色彩会给地面蒙上一层神秘庄重的面纱，中灰色的无花纹的地面显得高雅、宁静，并能衬托出家具色彩的个性，显示出家具造型的外观美。

五、餐饮空间色彩与灯光设计

（一）色彩设计

餐饮空间的色彩设计一般宜采用暖色调的色彩，如橙色、黄色、红色等，既可以使人情绪稳定、引起食欲，又可以增加食物的色彩诱惑力。在味觉感觉上，黄色象征秋收的五谷；红色给人鲜甜、成熟富有营养的感觉；橙色给人香甜、略带酸的感觉。适当地运用色彩的味觉生理特性，会使餐厅产生温馨、诱人的氛围。

（二）灯光设计

选择光源：光的亮度和色彩是决定气氛的主要因素。极度的光和噪声一样都是对环境的一种破坏。合理的照明是创造餐饮环境气氛的重要手段，应最大限度地利用光的色彩、光的调子、光的层次、光的造型等的变化，构成含蓄的光影图案，创造出情感丰富的环境气氛。

图 5-22　餐厅的色彩

图 5-23　灯具

　　照明控制：天花板以不同灯具照明的配置方法可以划分出不同的功能区；中央带状光的设计，能使空间感到规则与对称，并能成为主要的光源；柔和的筒灯设计安装在天花板上、假梁上以及框架上，都会给空间营造出不同层次的柔和气氛；用有力的金属拉杆或吊杆搭配外露灯具,可强调出高科技的定点照明,并表现出空间物体的结构美。

图5-24 灯具

六、餐饮空间陈设设计

餐饮空间的陈设根据其设计风格,常采用我国传统字画陈设,表现形式有楹联、条幅、中堂、匾额以及具有分割作用的屏风、纳凉用的扇面、祭祀用的祖宗画像等。所用的材料也丰富多彩，有纸、锦帛、木刻、竹刻、石刻、贝雕、刺绣等。其他一些艺术品如摄影、雕塑、工艺美术品等也都是餐饮空间设计时常用的陈设。餐饮空间的织物陈设材质应具有吸声效果，使用灵活，便于更换，如壁挂、窗帘、桌布、挂毯等。

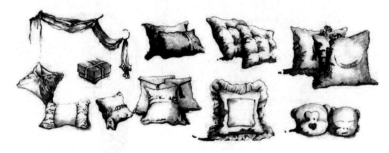

图 5-25　织物

第四节　商业空间设计

一、商业空间的类型

随着时代的发展和人们生活方式的改变，商业空间也随之发生了很大的变化，过去人们一般在实体店购物，而如今逛网店成为年轻人的首选。按建筑规模和空间形式，商业空间可分为商业街区、商业购物中心、超级市场、百货商店、专卖店、便利店、商摊等不同类型。

（一）便利店

便利店，通常又称作小卖店、小型超市，是指位于居民区附近，以经营即时性商品为主，以满足便利性需求为第一宗旨，采取自选式购物方式的小型零售店。便利店一般设在居民区或主干线公路边。

（二）专卖店

各个行业的专卖店，一方面满足社会需求，同时也在提升自己品牌形象和社会知名度。专卖店会通过各种手段将企业研发的最新产品在第一时间让客户知道。现在，人们已习惯在专卖店中购物，因为专卖店不仅产品品种丰富且质量良好,还拥有更完善的售后服务。

图 5-26　便利店

（三）百货商店

　　百货商店是指经营包括服装、鞋帽、首饰、化妆品、装饰品、家电、家庭用品等众多种类商品的大型零售商店。它是在一个大建筑物内,根据不同商品部门设销售区,采取柜台销售和开架面售相结合的销售方式,注重服务功能,满足目标顾客追求生活时尚和品位需求的零售业态。

图 5-27　莫斯科古姆国立百货商店

（四）商业街

商业街是人流聚集的一个主要场所,图 5-28 商业街采用东西方向排列,以入口为中轴对称布局,商业街规模大小和经营的商品类型有关。比如,经营服装的商业街和经营建材的商业街其规模可能会有较大的差别。

图 5-28　香港中环商业街

二、商业空间的设计

（一）布局面积的比例

在商业空间的室内设计中,首先要考虑商业空间室内布局面积的分配比例,其中营业厅为主要部分,营业厅所占总建筑面积的百分比的大小直接影响着销售额,其面积比的划分是室内空间划分的一个重要基准。

（二）空间组织和安排的原则

商业空间的空间组织和安排要以流线组织设计为原则,使顾客能顺畅地浏览商品、选购商品,并能迅速安全地疏散撤离。柜台布置所形成的通道应形成合理的环路流动形式,通过通道的宽幅变化、与出入口的对位关系、垂直交通工具的设置、地面材料组合等形式区分顾客主要流线和次要流线,为顾客提供明确的流动方向和购物目标。

图 5-29 商场

1.商业性原则

好的室内设计应该具有商业性,商业空间的设计不单单是一个室内设计,更是一个商品企业文化的展示、商业价值的实现以及企业发展方向的体现。

2.功能性原则

商业空间以销售商品为主要功能,同时兼有品牌宣传、商品展示的功能。商业空间的设计一般是根据其店面平面形状及层高合理地进行功能分区设计、人流动线安排。

3.经济性原则

商业空间装修的造价会受所经营商品价值的影响,商品的价值越高,相应的装修档次也越高。因此,商业空间的装修总造价要与商品的价值相适应。

(三)空间组织和安排的形式

商业空间的空间组织和安排的形式有封闭空间、半开敞式空间、开敞式空间和综合式空间等。商业环境的封闭空间是指以柜台、货架为基本分割元素,再以其他实体包围起来的一种封闭式的空间。它具有一定的隔高性、较强的领域感和安全感,但它与外界的互动性较差,主要使用于银行商业空间、贵重物品销售区域等。半开敞式空间和综合式空间在空间组织形式和产生的心理效果上都是介于封闭式空间和开敞式空间之间的,一般适合大型的百货商场或综合购物广场。开敞式的空间形式取决于有无侧界面及侧界面的围合程度,这种组织形式的空间和同等面积的封闭式空间相比要显得大,会带给顾客开朗、活跃的心理感受,适合于超级市场、自选市场等。

三、商业空间的色彩

恰当的色彩运用对优化、和谐商业环境的视觉效果有着重要的作用。对商业空间色彩的使用是一个综合考虑的过程,它需要涉及商业场所内部界面的色彩、商业场所陈设的色彩、商品的色彩甚至于商业场所工作人员的服装色彩,大面积的色彩对比能很好地衬托出商业气氛。

（一）商业空间的色彩与功能区域

一般商业场所中的商品很多,尤其是一些大型的商场,常常让人眼花缭乱。对此,除了空间组织形式的运用,色彩在其中也往往扮演着不可忽视的角色。为了更好地引导顾客,方便顾客识别不同的购物场所,一般商业场所中不同的购物场所可以在色彩上有所区别,可根据商品的类别,利用不同的色彩来设计小环境。当然,这些小环境的设置既要便于区别商品,又要融入整体色彩环境之中。

（二）商业空间的色彩与商品色彩

商业场所中的商品在出厂前一般都经过色彩的设计,各式各样的商品陈列在同一个商业场所的时候,既显得丰富多彩,又给人杂乱无章的感觉。在这样的环境中,商业场所室内的界面一般宜用不太强烈且具有对其他色彩有广泛适应性的色彩,以便更好地突出商品的形象,强调商品的色彩。

图 5-30　综合表现效果图

四、商业空间的陈设设计

（一）商业空间的陈设方式

商业场所的一切设计都是为了能够更好地推销商品，是围绕着商品进行的设计，商业空间的陈设方式也不例外。商业空间的陈设方式一般有系列布置陈设方式、专题式陈设方式、季节性陈设方式、场景式陈设方式几种类型。

专题式陈设方式是指通过实物展示、文字介绍、图片说明等方法专题介绍某种商品的展示形式。在一些商业场所中经常可以看到这样的陈设方式。季节性陈设方式主要是对一些季节性较强的商品，如空调、皮装等，根据季节的不同而做出相应调整的一种陈设方式。这种陈设方式对顾客有指导和启发消费的作用，也是商场抓住商机的重要手段。场景式陈设主要用于橱窗陈列中，具有较强的艺术渲染力，可以引起顾客的联想、激发顾客的购买欲。

（二）商业空间的陈设原理

1. 重复与渐次

商业环境陈设中运用重复的形式，就是把商品均等、不断展示在顾

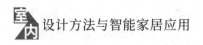

客的面前,使每个陈设品都能发挥性能,以加深顾客的印象。渐次是一种等级渐变的表现形式,在使用中有逐渐增加,也有渐次减少的形式。

2.疏密与虚实

在商业环境陈设中所有陈设品之间的位距、陈设品的体量和数量的组合都要充分运用疏密的构图处理原则,才能产生良好的视觉效果。如体量大的商品一般陈列较疏,体量小的则较密;透体商品一般陈列较密,实体的商品较疏。商业环境的陈设还要注意虚实的变化,如果商场中橱窗或是柜台的陈列过实,商场的空间就会显得沉闷拥挤;过虚又会显得商场空间过于空旷,会给人以人气不旺的感觉。

五、商业空间的物理环境设计

在商业环境的物理环境各要素中,商业环境的照明是较难处理的一个问题,也是影响室内环境的一个最重要的因素,以下就商业环境的照明做出介绍。

(一)光源

在商业环境的照明设计中,光源的光色和显色性对整个商业空间的气氛、商品的质感等都有很大的影响。

光源的光色即光源的色温,它的变化会直接影响到顾客对室内温度的感受。另外,商品的特性在很大程度上取决于表现出来的色彩,即取决于光源的显色性。靠光源显示商品的方法有两种:一种是显示商品的本色,另一种是对商品进行艺术处理。

(二)照明要求

商业照明应选用显色性高、光束温度低、寿命长的光源,同时宜采用可吸收光源辐射热的灯具。既要考虑水平照度的设计,同时对一些货架上的商品还应考虑垂直面上的照度。重点照明的照度应为一般照明照度的3—5倍,柜台内照明的照度宜为一般照明的2—3倍。对经营珠宝、首饰等贵重物品的商业场所宜采用值班照明和备用照明。

第六章

智能家居时代的到来

　　自20世纪70年代中期以来,智能家居已进入市场。我们从过去无数按钮和开关中解放了双手,如今可以远程操控、设定,甚至单靠语言指令就能让房间内的智能家居运作起来,这是了不起的。它有一定的优越性,给人们的生活带来便捷,但受到兼容性、复杂性等方面的影响,目前其普及速度仍非常缓慢,例如:成本控制、安全性能以及匹配单一等问题仍然存在。但无论如何,智能家居发展的大趋势是不变的。科技的进步会造就智能家居系统的完善,也会带动相关智能产业扩大规模。这就意味着智能家居的普及是大势所趋,也是自然而然的。

第一节　智能家居的含义

智能家居(图 6-1),或称智能住宅,是以住宅为平台,通过综合先进的计算机、通信和控制技术,建立一个由家庭安全防护系统、网络服务系统和家庭自动化系统有机地结合在一起,组成的家庭综合服务与管理集成系统,通过集中管理、综合应用、单独控制,让家庭生活空间更加舒适安逸、更加安全高效、更加方便快捷。从而实现全面的安全防护、便利稳定的通信网络以及舒适安逸的居住环境的目的与现实需求。

图 6-1　智能家居

智能家居是一个典型的集计算机、通信和控制于一体的 3C 系统。(图 6-2)

目前有很多与智能家居名称相似的词汇,而且它们整体功能的实现是相同的。首先,它们都要通过一套统一的家居信息系统网络将设备和电器连接起来,也就是说在家庭网络系统的控制下,用对应的硬件或 App 软件等设备,对家庭网络范围内的家电家居设施进行控制和监测;其次,它们都需要一定的媒介来完成家庭与外界的信息沟通,进而满足远程控制 / 监测和交换信息的需求;最后,它们的最终目的都是为了提高人们便捷、安全、舒适的生活需求。

图 6-2　智能家居控制

从总体上看,智能家居是 IT 技术(尤其是我们的现代计算机技术)、现代网络技术、现代自动控制技术向传统家电产业不断渗透、综合发展、共同前进的必然结果。

在当前智能家居系统关于未来社会状态的具体规划中,"以人为本"是核心的总体规划原则,以"人性化"的管理和服务为根本。

第二节　智能家居系统与家居智能化

智能家电的出现,将轻松的家务劳动由憧憬转变为现实。用一台遥控器就能对家中的家电、照明、窗帘、浴缸、报警求助等装置进行智能控制。手机一打或计算机键盘一敲,空调会为你调置最佳温度,新风系统会为你及时送入新鲜的空气,洗衣机会为你洗涤留下的衣物,冰箱会通过网络到超市告知你进货的预案……人们将这样的生活环境称为家居智能化。

那什么是智能家居系统?它包含哪些部分?家居智能化到底是什么?它和智能家居系统有什么联系呢?为此,我们做了详细的阐述。

一、智能家居系统

智能家居系统(Smart Home)(图 6-3),是依托网络技术,集管理、服务、结构为一个整体的智能化、自然的生活空间。

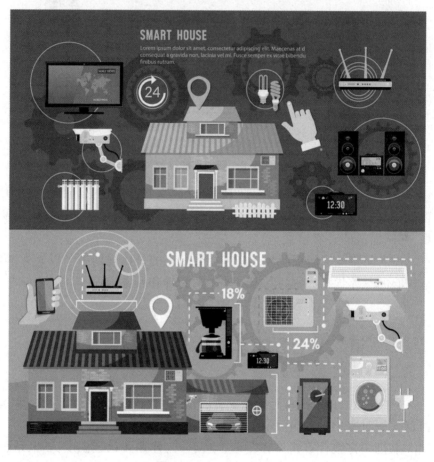

图 6-3　Smart Home

智能家居系统依据设备的作用可以分为:家庭网络、家庭网关和家庭终端设备。家庭网络为家庭信息提供必要的通路;家庭网关作为家庭网络的业务平台,构成与外界的通信通道;家庭终端设备是智能家居的执行和传感设备。(图 6-4)

（一）家庭网络

家庭网络分为家庭主网和家庭子网。其中,家庭主网通过家庭网络内部互联主网关与外部网络相连接,家庭子网通过家庭网络内部互联子网关与家庭主网相连接。

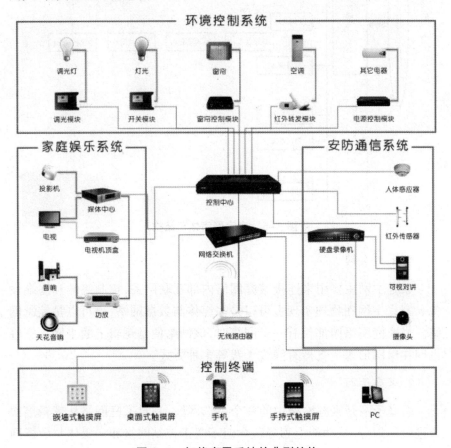

图 6-4　智能家居系统的典型结构

从功能上来说,家庭网络可以是多媒体与数据网络,也可以是其他网络,还可以是两种或两种以上网络的混合体。

家庭网络的体系结构和参考模型如下(图6-5)。

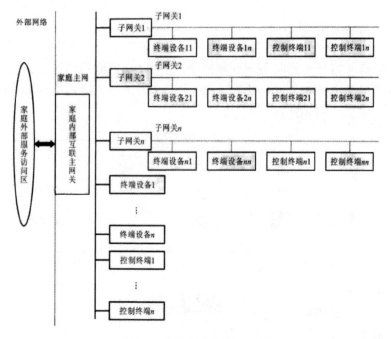

图 6-5　家庭网络体系结构

1. 家庭主网

家庭主网主要用来连接家庭网络内部互联网关,控制终端和终端设备。家庭主网在物理实现上可以是多媒体与数据网络,也可以是控制网络。当家庭网络内部仅有一个网络时,该网络便是逻辑上的主网。家庭主网在组网形态上支持有线或无线等多种方式。

2. 家庭子网

家庭子网是家庭网络中的一个可选网段,是对家庭网络从逻辑层次上进行的划分,从功能上划分包含但不限于控制网络和多媒体与数据网络等。

(二)家庭网络和其他网络之间的连接

1. 家庭网络和其他网络之间的连接模型

家庭网络和其他网络之间的连接通过家庭网络内部互联主网关来实现。(图 6-6)

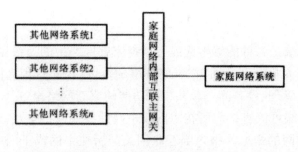

图 6-6　家庭网络和其他网络之间的连接示意图

2.家庭网络内部互联网关设备

家庭网络内部互联网关从逻辑上分为家庭网络内部互联主网关和家庭网络内部互联子网关。

家庭网络内部互联主网关的作用是连接家庭内部的主网中的设备形成家庭主网,实现对家庭主网的配置和管理。家庭网络内部互联主网关还可以连接家庭内部网络和家庭外部网络。家庭网络内部互联主网关是家庭网络内外交互的桥梁和家庭主网管理的核心。

家庭网络内部互联子网关是家庭子网中的一种设备,既支持家庭子网通信协议,又支持家庭主网通信协议。它与家庭子网中的设备互联,实现对家庭子网的配置和管理,同时为家庭子网内的各种设备提供与家庭主网的接口,还可以使各子网设备通过家庭网络内部互联主网关与外部网络进行通信。

从实际产品的具体形态来说,家庭网络内部互联主网关与家庭网络内部互联子网关在物理上可能是分离的,也可能是集成在一起的。对于家庭网络内部互联主网关与家庭网络内部互联子网关集成在一起的设备,要求同时提供家庭主网和家庭子网的管理功能要求;对于分离型的设备,只需要满足相应部分的要求。

(三)终端设备

终端设备是指能够被家庭网络内部互联网关或控制终端控制、管理的家庭网络设备,如信息设备、通信设备、娱乐设备、家用电器、自动化设备、照明设备、保安(监控)装置、家庭求助报警设备、健康保健设备等。

1. 控制终端

控制终端是一种能够生成或者获得家庭网络中的设备注册表,并可通过友好的人机交互界面,在家庭网络的范围内,实现家庭网络设备的注册、控制、管理、设备间资源共享等功能的家庭网络设备。

控制终端可以直接与所在主网或子网的终端设备交互,或者通过所在主网或子网的家庭网络内部互联网关与所在主网或子网的终端设备交互。控制终端应通过控制终端所在主网或子网的家庭网络内部互联网关与其他子网的终端设备交互。

控制终端可以对家庭网络中的相关终端设备进行控制和管理,如对电视、洗衣机、温度传感器、闹钟、电话等电器设备进行控制和管理。

2. 网络家电

网络家电的一般模型主要包括人机交互模块、控制模块、执行模块和通信模块。(图 6-7)

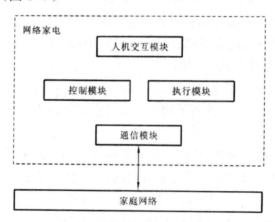

图 6-7　网络家电的一般模型

通信模块提供网络家电与家庭网络之间的通信服务。控制模块实现网络家电的各种控制功能。执行模块执行控制模块发出的命令,实现网络家电的各种基本功能,如加热、洗衣等。人机交互模块实现使用者与网络家电之间所有的交互功能。

网络家电具有从网络中"离开"的能力,能够将网络家电设备从网络中断开,清除掉相应的网络信息,在网络家电设备上有断开网络的指示。退出网络的方式有自动断开和人工断开两种。

自动断开:已加入网络中的网络家电在规定时间内与该网络无法

正常通信联系,将会自动清除掉该网络家电的网络信息。

人工断开:已加入到网络中的网络家电在人工的干预下发出断开申请,完成断开家庭网络的过程,清除掉相应的网络信息。

网络家电在断电或其他原因引起的与家庭网络断开后,要有能够重新恢复与家庭网络连接的能力。

网络家电具有判断与家庭网络连接的网络通信状态的能力,即判断该网络家电是处于正常的网络通信状态还是处于异常的网络通信状态。当网络家电设备与家庭网络连接出现异常状态时,网络家电设备上有相应的网络指示。

网络家电的功能有两方面。

(1)网络家电的通信控制功能。网络家电应具有与家庭网络中其他网络家电设备建立会话的能力,在系统正常情况下至少能保持基本会话。网络家电能够通过网络接收来自其他网络家电的输入信息或者通过网络将自身的信息传送出去。

(2)控制。控制终端支持对网络家电的控制,通过设备注册表和设备描述文件的解析,获得网络家电的控制指令,通过家庭网络,按照通信协议的格式发送给终端设备,从而实现对已经添加且在线的所有网络家电的控制和操作。

当对网络家电进行控制时,如果网络家电在接收后判断格式错误或者控制终端在规定的时间内没有收到网络家电发送的确认信息,则按照通信协议重新发送命令。

控制终端支持对网络家电的状态查询,可以通过以下两种方式进行。

(1)控制终端通过设备注册表和设备描述文件的解析,获得网络家电的查询指令,通过家庭网络,按照通信协议的格式发送给网络家电,网络家电将当前的状态反馈给控制终端,控制终端更新该网络家电的状态信息。

(2)网络家电状态发生变化后,主动通过家庭网络向控制终端进行汇报,使控制终端获得最新的网络家电状态信息。

控制终端支持网络家电的故障反馈,可以通过以下两种方式进行。

(1)控制终端支持接收网络家电自动发回的故障信息,将故障信息解析后,根据用户设置,以多种不同的报警方式发送信息,包括发送故障邮件、电话通知等方式。

（2）控制终端定期轮询网络家电，检测到相关的故障信息后，根据用户设置，以多种不同的报警方式发送信息，包括发送故障邮件、电话通知等方式。

不同网络家电之间支持建立联动，当某一个或几个网络家电达到控制参数的设置限值时，将会触发其他网络家电的某项控制操作。例如，当环境温度传感器查询到当前温度为30℃时，控制终端会自动打开空调电源进行制冷操作。

网络访问级别有以下几种。

（1）网络家电可以不支持家庭网络访问，只支持用户的本地操作。

（2）网络家电可以支持家庭网络的访问，并支持用户的本地操作，但不支持家庭外部网络的远程访问。

（3）网络家电可以支持家庭网络的访问，并支持用户的本地操作，同时支持家庭外部网络的远程访问。

（4）网络家电根据不同的网络访问级别可以提供不同的网络服务。

二、家居智能化

（一）家居智能化含义

家居智能化就是将智能家居作为目标的一个过程，这是一个漫长的过程，它会随着社会环境、人文环境、技术环境、生活环境的不断变化而逐步完善。

智能化的组成部分很多，但一个真正意义上的智能家居必须具备以下要素：网络高速接入功能，家居安全监控功能，家居管理功能，家居商务功能等。从目前的发展情况来看，智能化不等于家居自动化，仅安装了若干具有自动化性质的设备还远远不能称之为智能化，家居智能化也不等同于写字楼的5A标准。

（二）智能家居与人工智能

1. 人工智能性对于智能家居的重要意义

目前，国内市场尚缺成功的智能家居单品，通过智能家居单品，来打造智能家居平台的共性使单品本身具有"人工智能"性。普通用户对智能家电的理解就是加装 Wi-Fi 模块入网的传统电器,但实际上,联网只是第一步,也是最基础的一步,普通用户目前只能接触到第一阶段的产品,而随着智能家电体量的扩大,实则用户接触到的第一体量级爆品就是智能家电产品,如智能空调(图 6-8)。

图 6-8　智能空调

　　智能家电产品不是人工智能产品,最终却要演化到家居人工智能体系中去。第一步,实现全面家电联网。目前正在中国大范围地进行中。第二步,是具有自动化的家电,可以跟许多传感器联动,例如各种品牌的空调、净化器可以与温湿度传感器、环境监测套装联动。第三步,是家电的人工智能学习,如空调可以根据室内外的温度、用户习惯、用户当前状态来完成无感式操作,能够完美地达到无感操作。如知道婴儿比成人的体温高,因此,空调会自动将婴儿房间的温度适当下降一些,以保护用户的身体健康(图 6-9)。

　　智能家居离不开人工智能,因为人工智能的服务是高附加值服务,高附加值服务意味着能够获取更多的用户,而用户数量的增加意味着数据量的增加,最终也会反馈到人工智能系统之中,再优化自身服务作用于用户,这是良性循环。

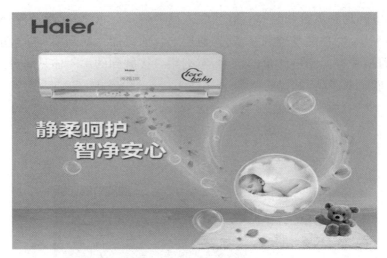

图 6-9   海尔婴童空调

2. 智能家居与人工智能的结合

对于智能家居方面的人工智能只是人工智能外在形式的一种,最直接的形式便是家庭智能机器人。当新的万物互联的时代来临,智能家居的形式与现在的形式将会发生很大的变化,人工智能的兴起也将加速智能家居领域的变化形式。

总体来说,人工智能与智能家居的结合可以分为三级:第一级是控制,也就是远程或定时开关;第二级是反馈,把通过智能家居获得的数据通过人工智能反馈给主人;第三级是融合,即可以根据主人需要进行自动配合或调整。

我们目前的智能家居最多做到简单的反馈,如 Nest 温控器(图 6-10)。

图 6-10   Nest 温控器

人工智能的重要性与趋势可以用一句话来概括,如果没有人工智能进入智能家居,没有让智能家居产品拥有"会思考、能决策"的能力,而是继续把控制丢给烦琐的 App,那么这个行业永远只是一个小众行业,永远是我们圈里非常热,但圈外不买单的一个行业,所以说人工智能的应用对于智能家居行业来说是未来的必然。要逐步在向智能化制造的3.0 和 4.0 方向发展。

3.0 基本上是中央控制,所有的都是集中控制和有限通信,是一个单量的过程。4.0 最突出的特点是知识存储和语音分析,所有生产制造过程是有弹性的过程。它很大的特征就是无线通信,因为科技发展以后,可以让无线技术变成随意使用的技术。3.0 和 4.0 有两个很大的不同,一个是大规模的生产,一个是大规模的定制。两者之间的区别在于,大规模的生产主要的管理理念是以产品为中心,以低成本赢得市场,现在大部分的产品目前还是在这个阶段,靠价格竞争。大规模定制是以客户为中心,以快速响应来赢得市场。两者的驱动方式也有很大的不同,一个是根据市场预先安排,大规模生产是由产品经理负责,他根据市场的反馈,收集所有的信息,产生产品的订单,为产品定义生命期,安排生产。但是大规模定制是根据客户的定点生产,也就是说根据部分或者是全部客户定制的方式来做。所以 4.0 时代,依据人的因素解决做产品的因素高于客户的需求,这也是智能化道路的未来。

智能家居企业不仅要把产品智能化,而且要全面智能化,包括生产智能化、设备智能化、能源管理智能化、供应链管理智能化,这是现在的行业主流概念,也是未来的趋势。传统的方式是使市场信息、材料、能源变成产品。智能生产方式是靠智能物料、云安全网络面向不同的智慧工厂,产生智能产品。大规模生产的品种比较简单,根据产品的规模来做这件事,大规模定制是根据整个使用的体验来做产品。

第三节　智能家居的功能与组成

一、家庭娱乐与教育

家庭娱乐以家庭网络为基础,连接各类家庭设备,从而形成了网络化和交互式的家庭娱乐系统。家庭教育以采用多媒体和基于网络的交互式媒体的远程教育为主要内容,并赋予原有娱乐类家庭设备新的用途,通过家庭网络,将它们有机地结合起来为家庭教育服务。

一般来说,家庭娱乐和教育系统主要包括家庭影院、视频点播、交互游戏(图6-11)、远程教育(图6-12)等内容。

图6-11 智能体感交互游戏

图6-12 远程教育

二、家庭安全防范

家庭安全防范(图6-13)主要就是针对两个方面。一方面是外来入侵,另一方面是内部隐患。家庭安全防范系统包括室内防盗报警、室内消防报警、紧急求助、出入口控制、煤气泄漏报警、周边防越、门禁对讲等子系统。

图 6-13　家庭安全防范

根据性质划分,家庭安全防范系统的功能可划分为三类:一是险情检测;二是远程报警;三是联动处理。

三、家居控制

家居控制(图 6-14)是利用微处理电子技术、无线通信及遥控遥测技术来集成或控制家中的电子电器产品。家居控制系统包括照明控制系统、居室环境控制系统、厨房设备控制系统、视频及音响控制系统等。

从性质上看,家居控制主要包括三个方面:一是住户对家电设备的集中控制;二是家电设备的自动启停控制;三是各设备之间的协同工作。

四、家居管理

家居管理在这里仅指与家庭事务相关的管理,包括两个方面:一是家庭能耗表的自动抄送;二是根据各类家庭设备的状态信息和外界提供的信息,来提供各类事务处理和服务信息,将智能家居与住户个人数字助理相结合,协助住户进行各项处理。从功能和性质上看,目前家居管理的内容主要包括多表抄送、信息管理等内容。

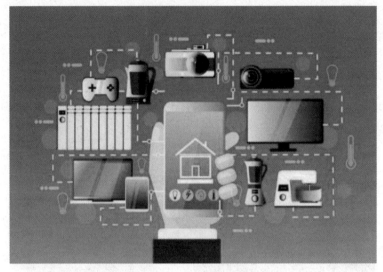

图 6-14　智能家居控制

第四节　智能家居的发展与展望

在经济和科技实力高速发展的大背景下,新一代的物联网、无线宽带网、互联网、电信网等网络相互组合,伴随着信息技术高度集成,信息资源的综合应用,智慧技术、智慧服务、智慧管理、智慧生活等成为智能家居技术的核心内容。该技术致力于解决城市社会经济、人文、环境等关键问题,是未来城市发展的新方向。

一、智能家居的发展

(一)国外智能家居的发展

智能家居的概念起源很早,但一直未有具体的建筑案例出现,直到1984年美国联合科技公司将建筑设备信息化、整合化概念应用于美国康涅狄格州哈特佛市的都市大厦(City Place Building)时,才出现了首栋"智能型建筑"。该智能型建筑对大楼的空调、电梯、照明、防盗等设备采用计算机进行监测控制,为客户提供语音通信、文字处理、电子邮件和情报资料等信息服务。这一智能建筑的崛起,使各个国家都看到了别样的"科技生活方式",从此揭开了全世界争相建造智能家居派的序幕。

20世纪80年代初,大批新型家用电器、设备被研发生产,随后被广泛应用到了人们的生活之中。20世纪80年代中后期,由于通信与信息技术的进一步发展,出现了对住宅中各种通信,家电、安保设备通过总线技术进行监视、控制与管理的商用系统,形成了智能家居最基础的形态。在此之后的十年左右时间里,互联网信息技术与电子科技逐步突破壮大,产品互联互通性得到了进一步增强,从此,智能家居正式形成。

随着世界上第一座智能建筑的落地,日本、新加坡、韩国、欧洲等一些经济较为发达、科技比较先进的国家或者地区也都相继推出了不同的智能家居设计解决方案。如今,智能家居在全球许多国家都已经开始了广泛的研究和应用推广。

(二)国内智能家居的发展

我国从20世纪80年代末期引入了智能住宅的概念,即采用"以智能住宅为基本单位,智能物业管理中心为中心节点,有线电视宽带(HFC)网为数据传输媒介"的智能住宅小区系统模式。

国内第一个建成由电脑风格覆盖的住宅小区是江苏无锡泰德新城。它在实现了住宅园林化的同时,还实现了住宅智能化。

长沙市地税局的住宅采用了智能化住宅布线系统。邮电部试点开发上海邮电二村(300户)初步建成了智能化住宅小区。上实花苑、创世纪花园、万里小区等纷纷宣布将建设一流的智能化住宅小区。成都有由西南交大科技发展有限公司开发的交大智能小区(1900户)。

上海智能住宅的市场定位正处于快速发展阶段。如"阳光名邸"等在设计中不仅仅注意安保智能化,而且投入了智能化物业管理和小区结构化布线等功能,而"秋月枫舍""香谢丽花园""三湘花园"等在原有智能化的基础上增加了小区综合信息服务和小区宽带接入运用,解决了小区综合信息服务和小区宽带上网的问题。

智能家居自诞生以来,虽然其强大的智能化功能让人叹为观止,但同时也经历了一个饱受争议的阶段。前期发展的智能家居,一直都处于概念炒作的阶段,价格昂贵不说,操作也甚是烦琐,且没有统一标准。而2015年智能家居进一步从概念层面向产品层面、应用层面落地。中国真正智能建筑市场要走进普通百姓的家庭,还有一段相当长的路要走。

目前市场上已出现的智能信息家电和智能家居类的产品主要有:

海尔 U-home 平台进行了多年的集成产品尝试,在此基础上又推出了海尔 U+。U+ 更进一步,通过开放的接口协议力将不同品牌、不同种类的家电产品接入平台,实现系统级别的交互。

晚些时候推出的美的 M-Smart 智慧家居战略,是以传感、大数据、智能控制技术为手段,发挥其家电产品横向整合资源能力,实现全品类白色家电产品互联互通。通过与阿里、华为等合作伙伴的强强合作,打造开放的智慧家居应用系统。

2016 年,海信、TCL、长虹同样也在以各自的不同方式,积极布局智能家居市场,力求探寻新市场态势下的全新市场机遇。

二、智能家居的未来展望

智能家居是物联网在家庭生活中的基础应用,是智慧社区、智慧城市建设的组成单位,它与人们的生活息息相关,有着广阔的市场前景和极大的商机。目前智能家居行业的发展还处于初级阶段,但产业发展正以人们无法想象的速度刷新人们的认知。

随着技术与应用的进一步拓展,相关产业的经营还会有巨大的提升空间,此时介入市场对于关联企业和创业者无疑正当其时,越早占据市场的主动权,未来才会有越多的机会与丰收的可能。实现家庭内部所有物体的互联互通,智能家居系统与智慧社区、智慧城市甚至智慧国家实现无缝连接、无缝控制联动,让家居智能化成为一种生活必须是未来家庭生活的发展方向,而在这一过程中无疑蕴藏着巨大的市场宝藏,这个被称为拥有千亿的市场将带动一大批厂商实现市场转型升级,为创业者提供无限的展示舞台。

第一,社会转型需要信息化、智慧化增长点。

未来平安城市、智慧城市、平安小区、智慧小区的建设投资与应用将达到史无前例的规模,通过家庭信息化带动社区信息化,再促进整个城市的信息消费,带动区域智慧经济发展,最终推动整个国家甚至整个世界的智慧化发展。智能家居建设已经与高效的市政管理、公共服务密不可分。这一市场将是家庭智慧化的延伸,挖掘潜力巨大。

第二,智能家居与新能源、新材料、新科技、移动互联网、物联网等行业相互促进。

生态化的科技创新将带动整体智能家居产业及关联产业的发展升级,智慧化关联衍生市场容量巨大,市场开拓空间不可忽视。

第三,智能家居产业链庞大,内部各环节市场空间巨大。

上游芯片、传感、光学、总线等各类技术市场,中游智能控制中心环节、系统集成商,下游智能终端设备、各类终端硬件都将是投资者和关联企业可以深挖的领域,蕴藏着极大的商业机会。

第四,智能家居生态圈开发与建设,各类智慧化生态平台为智能家居建设提供了开放的生态交流环境,信息开源得以真正实现。在智慧化生态系统中同样蕴含投资机会,智慧化生态圈的建设本身也是市场商机的体现。

仅从住宅方面来说,智能家居系统的未来发展机遇也是巨大的。

第一,高档小区智能系统。

对讲产品由于具有重要的安防作用,所以对高档小区来说是广义智能家居市场不可缺少的一部分。可视对讲屏幕的需求点在以前主要是实现与来访者的视频,现在则可以与智能家居系统相连,成为智能家居中的控制端之一。由于可视对讲的重要性,决定了其销售模式一般是由开发商统一购买,然后给用户安装使用。所以可视对讲的消费群定位十分鲜明,也就决定了它以工程产品的面貌出现,并且其业务模式也具备了工程化的 DNA,这是它与狭义智能家居产品最大的不同。

第二,面向大户型智能化系统。

狭义智能家居领域目前落地项目最多的一个市场就是面向大户型的集成化智能家居系统和产品,并且在未来一两年内这个市场依然会占据主流。大户型的集成智能家居市场主要依赖于集成化的产品以及工程化的设计施工,所以业务流程漫长、体验门槛高;而且由于总线技术布线烦琐复杂、系统功能封闭、安装施工问题多、扩展性差等问题,很多国内外智能家居的创业者渐渐布局无线领域以寻求突破口。

目前,以 Control 4、欧瑞博、南京物联为代表的企业已经推出基于 ZigBee 技术的智能家居系统和产品。而专注于无线智能家居领域的 Control 4 在美国纳斯达克上市的事例告诉我们:大户型市场体量巨大,

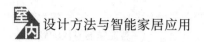

且远未达到饱和状态,未来将会成为各大智能家居品牌争相抢占的高地;随着 ZigBee 等无线技术的发展,无线智能家居的优势会慢慢凸显出来,业界将会迎来从有线到无线的全面变革。

第三,面向小户型智能化系统。

面向小户型的智能家居系统和产品,将被 80、90 后这些中产阶级推动起来。他们对新事物的接受度、敏锐度、关注度、渴望度比其他阶层都要高出许多,他们愿意用自己有限的能力追求高品质的生活。这个特殊的群体决定了智能家居的产品模式,不需要复杂的安装,客户也不需要接受专门的培训,只需要简单的方式就能实现智能产品的全部功能。这类市场交易的流程会极简单,速度会很快,往往是以量取胜,且在未来两三年里将会是增长最快的一类市场。

第七章

智能家居在室内设计中的应用

我们正在进入一个智能无处不在的世界，人们的生活随着智能技术的发展正以不可思议的速度发生着巨变。智能家居、智慧家庭，这些住宅领域的新鲜词无不向我们诉说着一个事实：智能化已经深入人们生活的方方面面。

第一节　智能家居安防与控制

一、智能家居安防

（一）安全防范的系统结构

家庭安全防范系统是以家庭网络为通信基础，并在此基础上与智能家居其他部分进行交互的系统。根据系统的工作流程和实现，可以将系统体系简单划分（图 7-1）。

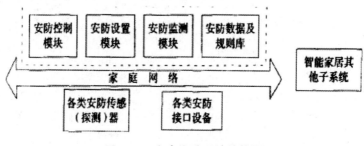

图 7-1　家庭安防系统结构图

（二）安防系统在室内的具体应用

如果"智能家居"被定义为"楼宇自动化"住宅的延伸，那么"安防"就是最大的共同特性。智能家居的核心需求在于安全、舒适和健康，因此安防系统是非常重要的子系统。它的目标非常明确，就是保护家庭（人与物品）的安全。

常规（安防）系统包括警报系统、闭路电视、紧急求助、运动传感器、可视门铃电话及探测器。所有这些都可以通过智能家居联系起来以提供一个整体解决方案。从硬件产品上来看，智能家居安防系统是由各种传感器、具有安防功能的产品、网络及网络设备、云服务器等组成（图7-2）。

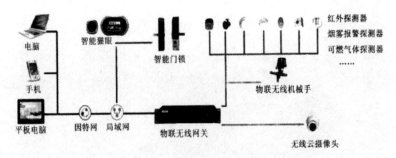

图 7-2　安防系统图示

从现有软件系统上来看,整个智能家居安防系统可分为四大块: 智能安防报警系统、智能视频监控系统、智能可视对讲系统、智能门禁管理系统(图 7-3)。

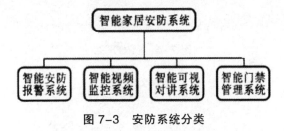

图 7-3　安防系统分类

整个智能家居安防系统基本上实现了能看、能说、能听、能记录的功能。

1. 报警系统

(1) 防入侵设计

入侵报警是指防范非法进入住户室内的一种措施,通过各种探测器以及配套的控制设备(通常称作报警主机)来实现。报警主机主要用于对各种探测器检测到的信号进行处理、传输,如将报警信号传送到小区物业安保中心,通过电话或移动电话通知住户,以便得到及时的处理。

报警探测器主要是完成前端报警信号的采集,并送入报警主机中。根据使用环境、用户需求、装修环境等因素的不同,在选用报警探测器时有很大的灵活性,例如:为防止非法者破门而入,可以选择安装门磁开关(图 7-4)、扇状红外探测器(也称幕帘式红外探测器)等(图 7-5)。当设有门禁(读卡)装置时,也可利用门禁来发出报警。

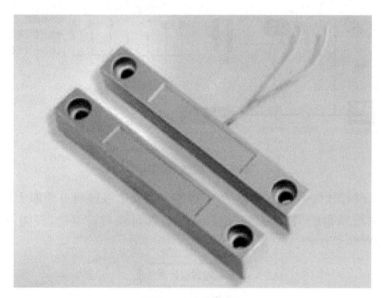

图 7-4　门磁开关

图 7-5　红外探测器

　　报警主机接收由探测器发送来的报警信号并根据其防区类型进行相应的处理,经确认后发出声光报警(若需要可与闭路电视监视系统发送联动报警信息,尤其是独立别墅),报警主机的防区数量可以根据住户的住房面积、房间多少而定。通过编程,完成对系统每个防区的布撤防,设置系统的各项相关参数,实现不同用户需求,方便用户使用。

（2）燃气泄漏报警

家用燃气泄漏报警器（图7-6）作为一种重要气体探测器，它的核心是采用了一个专用于检测气体的半导体气敏元件，能及时可靠地探测到空气中某些气体的含量。主要对液化气、人工煤气、天然气等可燃气体进行检测，当可燃气体泄漏达到一定浓度时，报警器发出报警信号。在设计选型应用中，只有正确配置才能有效防范、防止和杜绝燃气泄漏恶性事故的发生。

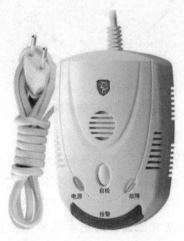

图7-6　家用燃气泄漏报警器

在配置燃气泄漏报警器时，应考虑到与之相配套的燃气阀门关闭和排风扇启动的联动控制功能，因此，燃气泄漏报警器是一套完整的现场装置，具有现场报警提示及相应的控制信号输出功能，并能与家居安全防范系统联网，以确保在发生燃气泄漏事故时，即便是家中无人也能得到及时的报警和处理。

（3）火灾检测

火灾探测器可分为烟感探测器和温感探测器。烟感探测器又分离子探测器与光电探测器两种。

①离子烟感探测器

离子烟感探测器（图7-7）对可见或不可见的燃烧微粒均能作出反应。因此，对于高温燃烧火情，如木制品等燃烧所产生的火灾在早期即可探测到。探测器一般采用双离子室（加放射源）设计，可减少因环境变化所产生的误报。

图 7-7　离子烟感探测器

②光电烟感探测器

现在大多数采用散射光式光电探测器。在探测器中,由于发光与接收元件之间安装有遮光板,光接收器件不能直接受到发光管的直射光,只有当烟雾离子进入检测室时,烟离子使光产生散射,这种散射光被受光器件接收到后,使光敏器件的电参数发生变化才产生火灾报警信号。光电烟感探测器具有无放射源、成本低、可靠性高等优点,将逐渐取代离子烟感探测器。这类探测器尤其对缓慢阴燃产生的可见烟雾或由PVC过热但未燃烧所产生的"烟"有较好的探测能力,但应注意因微小昆虫进入取样室而引起的误报。

图 7-8　光电烟感探测器

③温感探测器

物质在燃烧过程中，升到一定温度时，将会产生大量的热量。这时，温感探测器中的热敏器件就会发生物理（电阻）变化，因此而产生火灾报警信号。

温感探测器分为点型和线型两种，点型又可分为差温、定温和差定温类；线型也可分为线缆式和管式。现在常用的是差定温复合型探测器（图7-9）。它也是家庭火灾检测较好的选择。其他类型的探测器在特殊环境也有应用。

图7-9　差定温复合型探测器

2. 紧急求助

家居中设置紧急按钮（图7-10）是为了当发生紧急情况，如火灾、入室抢劫、骚扰、家人疾病等时，需要紧急援助而采取的一种求救措施。手动按下紧急按钮，将求救信号经报警主机转送到物业保安中心，或直接向"110"报警，以便得到及时有效的救援。

紧急求助（报警）按钮应安装在客厅和卧室内隐蔽可靠且便于操作的位置。

3. 可视对讲系统

访客可视对讲系统是用来实现单元门口或家门口与住户室内之间的（可视）对讲、单元口与管理中心的（可视）对讲、用户与管理中心之间互相呼叫与对讲、用户与用户之间互相呼叫对讲的。用户还可以按下室内分机"监视"键，监视单元门口的情况；按下"开门"键，开启电控锁（图7-11）。

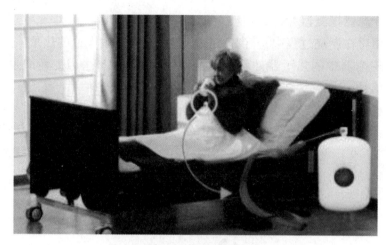

图 7-10　紧急按钮

图 7-11　可视对讲

　　模拟可视对讲门铃正逐步被数码可视对讲门铃取代,这已是一个发展趋势。虽然前者也可以像后者一样提供录像、缩放及黑光,但前者的能力有限,必须将视频信号转换才能输入至移动电话或平板电脑之类的其他设备。以 IP 运作的对讲门铃可以与无数的本地及远程显示器分享视频,并可进行简单的日常维护。远程监控需要一个静态 IP 地址。由于大部分互联网服务供应商提供给家庭用户的都是动态 IP 地址,一个称为动态域名服务(DDNS)的服务系统会分配一个域名给用户的 IP 摄像头。IP 对讲门铃与显示器可在 IP 网络上连接,作为"门禁控制"。任何平板电脑通过有线或无线配置都可转换成监视器。

4. 可视监控系统

(1)智能摄像头

智能摄像头(图 7-12)是智能家居的重要组成部分,是一种融入人工智能技术的网络摄像头。它通过云端大数据与物联网,利用智能手机可远程监控家里的实时动态,还可与控制主机进行安防联动,当监测到非法侵入时会报警,将消息推送给手机。

智能摄像头具有智能移动追踪、分区智能侦测、双向语音通话、360°全景拍摄、高清隐藏红外、Wi-Fi 无线连接等特点。

图 7-12　智能摄像头

(2)智能猫眼

智能猫眼是一种替代传统猫眼的家居安防产品,是安装在防盗门上可以 24 小时自动拍照、感应监控的智能可视猫眼。通过液晶屏显示,无论老人或者小孩都可以清晰地看清门外的情况,同时还可以对来访者进行自动拍照留档,以便业主外出归来时查看来访记录(图 7-13)。如果出门在外,访客按响门铃时,通过智能猫眼搭配的手机 App 将自动推送消息,打开 App 即可与访客实现实时视频对话。

图 7-13　智能猫眼

智能猫眼与可视门铃最本质的区别就是：设备是否通过联网,且实现远程实时掌控,让户主不论身在何方,都能通过手机随时随地获知家门外一切信息。智能猫眼除具有家门智慧安防、主动防盗的传统功能外,还增加了人脸识别、语义指令识别、门内外双摄像头、微光夜视自动切换、双向语音对话、智能省电模式等新功能。

二、智能家居控制

（一）家居控制系统的分类

从性质上看,家居控制主要包括三个方面：一是住户对家电设备的集中控制；二是家电设备的自动启停控制；三是各设备之间的协同工作。

1. 住户对家电设备的集中控制

从控制的方式来看,住户对家电设备的集中控制有两类,即户内集中控制和户外远程控制。户内集中控制是指在家庭里利用有线或无线的方式对家电设备进行集中控制。有线方式是指通过诸如控制盒这样的集中控制器对家电进行控制,无线方式则是以红外、蓝牙等方式,实现手持集中遥控功能。

户外远程控制是指住户利用电话或计算机网络在异地对家电设备进行控制,实现家电设备的启停。

2.家电设备的自动启停控制

家电设备的自动启停控制主要是指家电设备根据时间、家庭环境的变化而自动调整工作模式。例如通过测感技术对家庭环境进行检测,根据湿度、温度、光亮度、时间等的变化自动启停相关的电器设备。

3.各种设备之间的协同工作

在实际生活中,各个家电设备是相互关联的。家居控制系统根据住户的要求和实际生活的需要,对住宅的设备定义了一套逻辑规则,自动实现设备之间的协同工作。

(二)控制系统在室内的具体应用

1.灯光照明系统

基于智能化灯光控制系统的特点,进行家居智能化的灯光系统设计,并根据用户的要求、房型结构以及室内景观设计师对光线的要求,进行功能设计和场景设计。

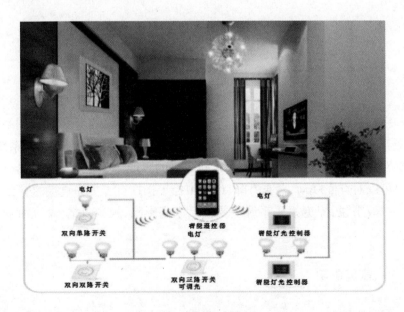

图 7-14   灯光照明智能控制

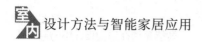
（1）场景效果设计

根据房型结构、功能区划分，以及主人的起居习惯和风格，对会客、就餐、收看电视休闲娱乐等情景的照明效果进行设计。通过遥控器上的情景按键或指定的某一个墙壁上的开关按键方便地实现预设的情景照明。

情景照明设计内容包括：在某种情景下应点亮或关闭灯具，将各个灯具调节到预定的亮度；点亮时若需要渐亮，则还应设定渐亮的时间周期等。

（2）灯具定时开关功能的设计

对于日常生活比较有规律，或某些对照明的时间性有严格要求的场合，可以使用智能化灯光系统的定时功能。对定时器的设定和调整可以由主人自行完成。

2. 家居供电电源控制功能

现在有越来越多的家用电器设备在平时都处于待机（软关机）状态，为了减少能源的消耗和确保家庭安全，智能家居的电源控制功能就会在主人每天外出工作、学习时，切断除电冰箱等必须永久性供电以外的其他室内供电线路，并在主人希望开启某一电器时，系统又会自动为其恢复供电。

第二节　智能家居的影音娱乐

家庭娱乐以家庭网络为基础，连接各类家庭设备，从而形成了网络化和交互式的家庭娱乐系统。这使得原本缺乏直观体验的智能家居系统，能够在影音房中营造出具有较强体验效果的智能化小环境。这一结合让用户可以对灯光联动、幕布升降、设备中控等操控有了更为直接的感受。

一般来说，家庭娱乐系统主要包括家庭影院、视频点播、交互游戏等内容。

一、家庭影院

家庭影院（Home Theater）又称私人家庭电影院（图 7-15）。家庭影院系统融合了现代视频技术、音频技术、声学处理技术和现代物联网技术等。

家庭影院由音频系统与视频系统两大块组成。家庭影院的配置应包括以下设备：5.1 声道或 7.1 声道音箱、AV 功率放大器、蓝光播放机或 DVD 影碟机、投影机、投影幕及中控系统等。（图 7-16）

图 7-15　家庭影院

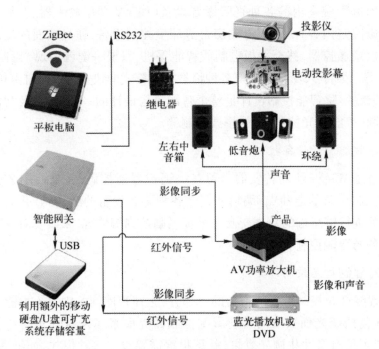

图 7-16　家庭影院设备

（一）智能家居中的家庭影院系统

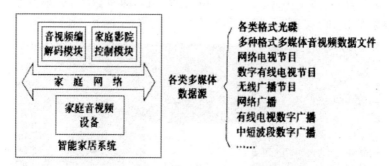

图 7-17　家庭影院系统实现模型

家庭影院智能控制设计,就是把家庭影院室内所有影音设备以及影院环境设备巧妙且完整地智能控制起来。

（二）家庭影院的智能控制应用

家庭影院的智能控制说得通俗一点,就是通过智能网关统一管理与控制家庭影院室内的各种视听影音设备(如 AV 功率放大器、音箱等),以及影院室内各种灯光、电动窗帘等环境控制设备,通过墙面的液晶控制面板或遥控器,甚至平板电脑或智能手机,只要一键就实现"影院、音乐、K 歌、娱乐、入场、离开"等各种情景控制模式的快速进入与自由切换。

家庭影院智能控制设计是整个智能家居设计的一部分,涉及智能电器控制、智能灯光控制、情景模式控制等。

1. 智能影音设备控制

通过 Wi-Fi 红外转发器学习各类遥控器遥控码,并且使用 ZigBee 墙插控制设备的通断点,编辑并存储各种影音设备的红外码,并通过智能网关进行网络端的数据交互在平板电脑控制端体现,来实现对各种影音设备的智能控制。

2. 智能灯光控制

智能灯光控制是智能家居的一部分,它在智能网关中接入智能开关面板(包括调光面板),用移动影院控制器界面来实现对灯光的智能控制,产生具有个性化调光效果,并可根据需要设置多种模式,如舒适型、辉煌型等,达到氛围调节及节能的效果。

3.智能配套设备控制

通过红外转发器的学习界面,选择并存储各种红外家电的红外码,并通过 Wi-Fi 来发射红外指令,配合便携式智能插座与窗帘电动机,来实现对各种红外家电的智能控制,如空调、窗帘等。

二、智能电视

(一)智能电视的设备组成

根据中国电子视像行业协会标准(CVIA/ZNDS01-2014),智能电视是指具有操作系统,支持第三方应用资源实现功能扩展,支持多网络接入功能,具备智能人机交互、与其他智能设备进行交互功能的电视机。(图 7-18)

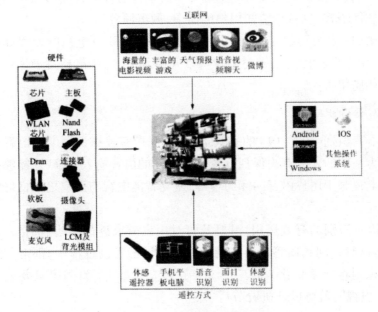

图 7-18 智能电视设备组成

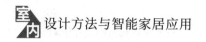

（二）智能电视交互技术的应用

1. 新型遥控

这类遥控器能够有效运用人机工程学的设计原理,结合当下用户的各种思维习惯需求,并以智能电视的功能设定需求为基础进行设计研发。通过使用这类遥控器,用户只需要一个按钮就可以解决多种问题,比如看电视的时候同时拉上窗帘,或者默认播放用户关注的新出的剧集等。

智能电视打破了遥控器对传统电视的束缚,实现了"带走看、分类看、多屏看和随时看"四大功能,让电视发展进入一个新的高度。

2. 体感技术

就当下智能电视的体感技术发展应用来看,主要表现在手势识别、肢体识别、面部识别以及眼动追踪4个方面。智能电视能够通过用户的相关肢体语言,进一步感知用户的需求,做出回应。

比如:电视购物时,面部识别后支付,或者联机电视的无线虚拟游戏,只用操纵杆摆出相应姿势就可以开始玩了,这些都是关于体感技术的智能应用。

3. 语音识别

语音识别(图7-19)的有效运用,是以拥有较高识别度的语音输入引擎为基础的。只有确保拥有较高识别度的语音输入引擎,才能够提升智能电视对于用户语音内涵的理解,建立智能电视与用户之间良好的信息交互。

语音识别的有效运用,需要及时对用户需求进行反馈。例如,在进行节目调控、问题回答以及实现对智能家居的控制过程中,都需要通过语音识别将文字转化为相应的文字符号。比如:下班回家只要喊一声"打开电视",就可以开机看节目了。

图 7-19　语音识别

第三节　智能家居的背景音响

背景音乐系统是智能家居的组成部分,在任何一个空间里(包括客厅、卧室、厨房及卫生间等)都可布上音乐线,通过一个或多个音源,让人在每个空间里都能听到动听的背景音乐。背景音乐的效果一是心理上掩盖环境噪声,二是创造与室内环境相适应的气氛。

一、背景音乐系统结构

家庭背景音乐系统是将多个音源(收音机音源、DVD、MP3、计算机音源等)通过合理的布线,隐藏安装接入各个区域(房间)及任何需要的地方(包括浴室、厨房等),用智能遥控器个性化控制背景音乐专用音箱,实现多种音源同时控制。

家庭背景音乐系统主要包括三部分:音源部分、控制器部分和音箱部分(图 7-20)。

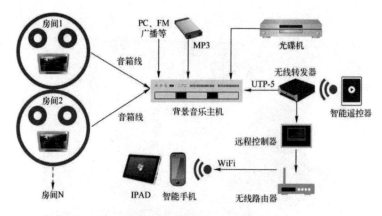

图 7-20　背景音乐系统结构

（1）音源部分。就是声音的源头，可简单理解为记录声音的载体。

（2）控制器部分。家庭背景音乐控制系统一般分为主机控制和分散式控制两种。主机控制是将汇集的各路音源输送到各音区控制面板上；分散式控制是将各路音源直接集中到各个分区控制面板上（图7-21）。

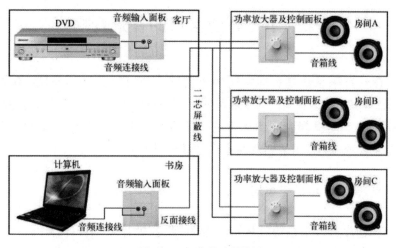

图 7-21　分散式控制

（3）音箱部分。音箱在家庭背景音乐当中占有很重要的地位，不管是哪种背景音乐系统，最终都是通过音箱来实现的。目前家庭背景音乐所采用的音箱主要有吸顶扬声器、壁挂音箱（嵌入式）、平板音箱（壁挂形式）等几种。

通常智能家居系统对接背景音乐系统有 4 种控制方式：

（1）背景音乐模块分区控制，多个背景音乐模块可级联。

（2）背景音乐网关通过内置集成的背景音乐品牌协议，用TCP/IP网线控制。

（3）背景音乐网关通过总线控制背景音乐主机。

（4）通过可编程网关或主机控制具有RS485/RS232或TCP/IP协议的背景音乐主机。

二、智能背景音响系统分类

目前，市场上各种背景音响系统根据技术发展主要分为以下几种（表7-1）：

表7-1　智能背景音响系统类别分析表

系统	原理	优点	缺点
定压功放背景音乐系统	广播背景音乐系统，定压功放连接到各个喇叭，加上开关控制	技术成熟、实现简单、费用较低，遥控器控制	单声道，无法进行独立空间音源选择、播放效果不是很好
分散式功放背景音乐系统	入墙式布线，切换面板控制音源设备，附近安装有输入面板	设计方案自由，单独控制	布线麻烦，音质一般，可能会产生干扰
智能型背景音乐系统	微电脑控制，一台控制机为核心，配有若干支设备，独立选择音源并控制	功能比较完善，满足各种房间规模，紧急报警，定时播放	对技术要求较高，造价也比较高，不能联动其他设备
无线传输背景音乐系统	无线Wi-Fi上网、蓝牙传输	节省了布线的麻烦，方便，简单，适合装修后音响的安装	音源比较单一

三、智能背景音响在室内的具体应用

家庭整体音响，就是在每间房子里，包括客厅、卫生间和储物室，都装有音频设备，让每个房间都可以拥有想要的语音信息。每个房间都有自己的独立的多种控制系统，音频设备都具备空间独立性。

对于控制方式来说，用户可以通过多种控制方式控制音响的语音播放，可以通过手机或触屏设备，甚至可以与音响进行语音交互实现语音

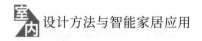

功能的播放。

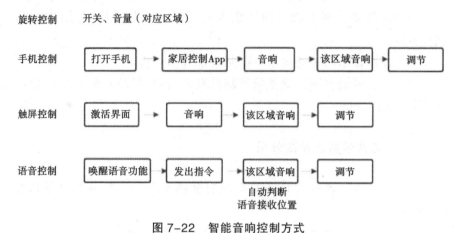

图 7-22　智能音响控制方式

（一）客厅

客厅是会客的地方，也是家庭生活中活动量最大的空间。因此，智能音响的好坏，对于客厅所展示出来的效果是很受影响的。也就是说，客厅相比其他房间而言，音响系统的安装和要求方面要高出许多。

目前应用到客厅的智能音响系统是指一种智能环境下客厅的系统，主要以影音为主，包含格调、听感、3D等因素。比如：当与人在客厅谈论工作事项时，语音关闭背景音乐；在和孩子互动的时候，手机操控播放儿歌等欢快的歌曲。

（二）卧室

一般来说，卧室对私密性、舒适性的要求比较高，而且除去工作、饮食等，人在卧室的时间几乎占全天的三分之一左右。因此，卧室的智能音响主要扮演了闹钟、背景音乐等角色。比如：语音设置睡前小说播放时长，提前定好第二天早上的音乐闹钟，让用户可以安稳地进入睡眠状态。

（三）书房

书房的氛围较其他房间来说，更为静谧，相当于第二个"家庭办公室"。因此，书房的智能背景音响适用于播放轻音乐，营造工作或学习的良好氛围；抑或是在遇到工作或学习难题时，可以语音进行查询，背景音响通过智能系统处理后给出答案。

第四节　智能家居的家庭节能

能源管控系统是智能家居众多系统之一，如何节约用电、有效地控制能耗已成为目前智能家居研究的课题之一。

一、智能能源管控系统

家庭能源管控系统一般由智能电表、电能监控插座（或称无线智能插座）、无线路由器、智能控制主机等智能设备及室内无线网络组成。

无线电源插座上的数据信息可以通过无线协议 IEEE802.15.4E，由无线路由器发送给控制主机。控制主机把数据信息进行协议转换成以太网数据帧格式后通过交换机转发给室内智能电表和本地服务器。室内智能电表在接收到数据帧后，对家用电器能耗信息数据进行分析并显示在液晶屏上，对数据帧进行解析后存储在本地后台数据库，同时构建远程访问网页。

图 7-23　家庭能源管控系统

二、智能能源管控设备

智能能源管控主要产品包括无线智能插座、智能电表、无线路由器等,其产品功效如下。

(一)无线智能插座

无线智能插座又称无线计量插座或电能监控插座,是可远程遥控、管理电流、电压、功率、用电量的检测插座。目前有 Wi-Fi 无线智能插座,ZigBee 无线智能插座和电能监控插座。

1.Wi-Fi 无线智能插座

Wi-Fi 无线智能插座就是利用家庭中的 Wi-Fi 网络,让智能手机在联网条件下,通过手机在全球任何一个地方实现远程控制插接在它上面的家用电器。由于智能插座能够做到让电器完全断电,所以,对于电视机、空调、电热水器、电取暖器等一系列的功率较大的电器来说,能做到随用随开、节约电费。除此之外,Wi-Fi 无线智能插座支持实时状态反馈,将电器工作状态实时反馈到客户端,支持多个定时任务的设置。手机客户端还可以对多个智能插座进行同时的控制,使生活更加便利。

2.ZigBee 无线智能插座

ZigBee 无线智能插座通常指内置 ZigBee 模块,通过智能手机客户端实时或定时接通、切断插入在智能插座上的家用电器电源,节能高效,安全可靠。它支持电器工作状态实时反馈到客户端;支持 10 个以上定时任务设置;客户端支持 50 个智能插座;支持本地或者远程无线控制;支持亚马逊、谷歌等智能语音音箱控制。

3.电能监控插座

它又称无线智能计量插座,是一款可远程遥控和管理的电流、电压、功率、用电量检测插座。当设备连接电器时,可以检测到当前电器的负载电流等参数的信息。根据检测到的电流值等,可以判断电器的工作状态,同时可通过配合手机智能家居软件实现家庭能耗的实时监测和管理。

（二）智能电表

智能电表是整个家庭能源管控的数据源中心，首先它通过外部电网公司抄表系统实现集中抄表，同时通过电能表内的电力线载波通信（PLC）或 ZigBee 模块可以与家庭交互终端实现交互。

智能电表包含控制、电源、计量、通信、时钟和数据存储等模块。其中控制模块是智能电表的核心部分，它的作用是将各个模块整合成整体、协调合作。

（三）无线路由器

无线路由器是组建家庭无线网络所需的基本配置，它可实现家庭无线网络中的 Internet 连接共享，实现 ADSL、Cable Modem 和小区宽带的无线共享接入。

智能路由器也就是智能化管理的路由器，通常具有独立的操作系统，可以由用户自行安装各种应用，自行控制带宽、在线人数、浏览网页、在线时间，同时拥有强大的 USB 共享功能，做到网络和设备的智能化管理。

三、智能家居在室内的节能应用

ZigBee 技术是一种短距离、低功耗的无线通信技术。

ZigBee 照度传感器能够根据阳光和热度增加拉上窗帘，从而在不降低空调预设温度的情况下保持舒适的室内温度。另一方面，其光电控制可以测量自然和环境光，并调整照明以保持不变的光度水平或减少人工照明的需要，该过程被称为"日光采集"。

ZigBee 协议已广泛应用于智能电表。全能型智能电表可以测量和存储在指定时间间隔内的数据，并作为一个节点在供应商与消费者之间进行双向通信及自动计量管理。在能量互联网的领域内，智能电表是智能电网上的智能测控装置，而智能电网可以被定义为在供应商与消费者之间提供双向数字通信的升级电力网络。随着智能电表的出现，居民可以获得更准确的账单，通过减少高峰消费使用更少的能源，因为公用事业公司能减少对新网络投资的需求，并减少碳排放。ZigBee 恒温器与智能电表结合就可以提供当前的能源成本、已发生成本、每月账单总额的估算。当对电力的需求超过预定水平时,灯光将会变暗。这对城市的整体用电限制政策非常有用。即使不用智能电表,ZigBee 电源插头也可以测量和监测个别家电的使用情况。另一种选项是智能型电源板,它能通过检测设备是否处于使用或长期闲置状态而开启或关闭设备。如果那些电脑周边设备(如打印机和扫描仪)均由电源板供电,当电脑关机时,备用电源都可以切断。于是,在住户控制器上能以条形图形式显示实时基本功率消耗。当因未授权使用或疏忽而超出预设水平时,住户将通过电子邮件或短讯获得警示。通过在互联网上的远程监控,住户可以相应地控制或关闭设备。

在若干城市,根据供需之间的平衡关系,电价会有所不同。比较简单的例子就是白天与夜间的电价,晚间的电力需求低于白天,消费者就可支付较低的电价。如果有控制命令或应用程序接口(API),智能家居就可以根据电价表开启某些家电。理想的情况是这些家电能聪明地根据当前供电和电网情况,检测到从智能电表发出的价格信号。例如,当接收到未来一小时电价将保持低价的信号时,智能洗衣机就会自动开启。随着与智能家居的组合,住户可以关闭、少使用、更谨慎地使用某些电器,并提高电器性能,以及使用替代设备。

第五节 智能空间沉浸式体验

互联网已经逐步进入人们的生活,越来越多的家庭选用了智能家居,甚至安装了整个智能家居系统。从衣食住行到医疗、教育、购物、娱乐,所有的生活方面几乎都被智能家居覆盖。它给人们带来了便捷的生活体验,不仅为每一天设置了详细的安排,还可以智能地针对特殊场景进行适时调整,解放了用户的双手,使用户享受更高效智能的生活,这样的体验是前所未有的。

智能空间沉浸式体验是全方位 24 小时的享受。

早晨,低频振动类型的智能提醒配合睡眠跟踪监测数据,在已设定的健康时间之前半个小时以振动的形式唤醒用户,一天好心情从起床开始。全自动早餐设备已经根据数据做好每日分类营养早餐,只需要你睁开双眼,在面前的虚拟智能电子屏中选择开始,美味的早餐即可送上。

上班之前,智能联网设备可以清晰地为你规划实景路线,大数据和云计算会告诉设备实时人流量和车流量,并预计各条路线的出行"拥堵情况",为你选择最佳路线,提前预订好目的地周边的停车位,并实现网上支付以减少进出停车场的等待时间。

当你在上班的路上,忽然想到家里的煤气是否关好,你打开上网手机,查询煤气开关,如果发现没有关好,也不用担心,可马上点击手机屏幕上"关煤气"按钮。离开家后,家中自动进入无人模式,灯光、温控等进入智能节能模式,家用电器进入待机状态,冰箱开始清点食物库存,及时进行网上自动下单、采购补充食材。智能清理机器人开始清洁工作,清洁完成自动待机。

下班前,将今天想要吃的晚餐通过生物智能控制下达指令,家中的人工智能及智能家居设备就开始工作了,根据你的要求,为你准备符合你口味的大餐。家里的空调也会立即打开,热水器启动,让你不必再费时等待。

忙碌了一天,带着疲倦的身体回到家中,智能监控设备为你打开车库,门禁系统生物识别为你开门,并同时根据你的指令开启家居温馨模式,灯光、音响、空调、家居背景为你营造舒适环境,安防系统自动撤除布防状态。进入室内,空调已经使房间维持在舒适的温度,饭已经做好。吃完晚饭,你坐在沙发上,按遥控器上的一个按键,电视机打开并自动切换到你预先设定的频道,灯光渐渐变暗,背景音乐停止。

你正在看电视,门铃响了。你用遥控器在电视机屏幕上打开一个窗口,门外的客人立即显示在你的电视机屏幕上。再按遥控器,大门自动打开。

到了睡眠时间,通过虚拟视频与朋友、家人做简短的晚安问候,进入睡眠模式,根据你的睡眠数据,智能家居自动调节,为你营造最佳睡眠环境,并时刻检测你的睡眠状态。预先设定的所有灯光和电器全部关闭,空调设置到节能模式,安防系统自动启动。

若你举家出外旅游,你不用担心家里是否安全,因为你家里的安防系统已经启动。一旦有异常情况,安防系统会自动向服务中心报警,同时马上通过手机短消息、电话通知你。你可以马上用电脑或手机上网,因为家里的安防系统已经自动将报警图像传送到服务中心。你还可以用手机启动家里的自动系统,晚上随机地将电灯开关打开,使不法之徒

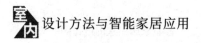

误以为主人在家而不敢上门。

一天生活,在轻松便捷的同时,智能家居还会带给你温暖的问候和关心,人工智能语音更是可以充当你的临时朋友,倾听你的诉说,为你分忧并提供建议。

参考文献

[1] 韩江洪,张建军,张利,魏振春,魏臻.智能家居系统与技术 [M].合肥:合肥工业大学出版社,2005.

[2] 赵中堂.智能家居的技术与应用 [M].北京:中国纺织出版社,2018.

[3] 王米成.智能家居 重新定义生活 [M].上海:上海交通大学出版社,2017.

[4] 顾牧君.智能家居设计与施工 [M].上海:同济大学出版社,2004.

[5] 强静仁,张珣,王斌.智能家居基本原理及应用 [M].武汉:华中科技大学出版社,2017.

[6] 周洪,胡文山,张立明,卢亦焱.智能家居控制系统 [M].北京:中国电力出版社,2006.

[7] 陈国嘉.智能家居:商业模式+案例分析+应用实战 [M].北京:人民邮电出版社,2016.

[8] 陈重义著;丁毅译.智能家居 [M].上海:上海交通大学出版社,2014.

[9] 刘修文,和庆娣,李晓波.物联网技术应用:智能家居 [M].北京:机械工业出版社,2015.

[10] 陈根.互联网+智能家居 [M].北京:机械工业出版社,2015.

[11] 谭思明,管泉.智能电视关键技术专利分析 [M].青岛:中国海洋大学出版社,2015.

[12] 易才钦.智能电视交互技术发展研究 [J].信息与电脑(理论版),2020（15）.

[13] 李立,郑彬彬,张婷婷.现代住宅音响系统设计与应用——以背景音响为例[J].中国房地产,2020（24）.

[14] 周永宏.融入智能家居发展趋势的音响设计研究[D].武汉:武汉理工大学,2016.

[15] 陈宏庆,张飞碧,袁得,李惠君.智能弱电工程设计与应用[M].北京:机械工业出版社,2013.

[16] 王东.大写艺设计教育机构[M].北京:人民邮电出版社,2017.

[17] 万征.室内设计[M].成都:四川美术出版社,2005.

[18] 游娟,魏瑛,王艳丽.室内设计[M].上海:上海人民美术出版社,2014.

[19] 殷心悦.室内设计[M].上海:上海人民美术出版社,2012.

[20] 殷正洲.室内设计[M].上海:上海锦绣文章出版社,2009.

[21] 唐廷强.室内设计[M].北京:人民美术出版社,2012.

[22] 黄成,陈娟,阎轶娟.室内设计[M].南京:江苏凤凰美术出版社,2018.

[23] 贺爱武,贺剑平.室内设计[M].北京:北京理工大学出版社,2016.

[24] 詹学军.室内设计[M].合肥:合肥工业大学出版社,2014.

[25] 李洁,刘安民,梁跃.室内空间设计[M].西安:西安交通大学出版社,2014.

[26] 翁凯.室内空间设计[M].长春:吉林美术出版社,2017.

[27] 刘宇.室内空间设计[M].镇江:江苏大学出版社,2018.

[28] 高嵬,刘树老.室内设计[M].上海:东华大学出版社,2010.

[29] 单文革,沈杨,李铁成.室内设计[M].武汉:湖北科学技术出版社,2012.

[30] 王晨光,盛宪讲.室内设计[M].成都:四川大学出版社,2013.

[31] 阮忠,黄平,陈易.室内设计[M].沈阳:辽宁美术出版社,2015.